# 临港产业区工程建设实践

## 上册：基础配套工程

闫红民　主　编
周开红　徐聆溪　贾秉志　副主编
江苏方洋集团有限公司　编　著

中国建筑工业出版社

图书在版编目（CIP）数据

临港产业区工程建设实践. 上册，基础配套工程 /
闫红民主编；江苏方洋集团有限公司编著. —北京：
中国建筑工业出版社，2021.12
ISBN 978-7-112-26891-7

Ⅰ.①临… Ⅱ.①闫… ②江… Ⅲ.①工业园区—建
筑工程 Ⅳ.①TU984.13②TU712

中国版本图书馆CIP数据核字（2021）第261653号


责任编辑：杜　洁　李玲洁
版式设计：锋尚设计
责任校对：张惠雯

临港产业区工程建设实践
闫红民　主　编
周开红　徐聆溪　贾秉志　副主编
江苏方洋集团有限公司　编　著
\*
中国建筑工业出版社出版、发行（北京海淀三里河路9号）
各地新华书店、建筑书店经销
北京锋尚制版有限公司制版
北京建筑工业印刷厂印刷
\*
开本：787毫米×1092毫米　1/16　印张：26¾　字数：609千字
2022年1月第一版　2022年1月第一次印刷
定价：**128.00元**（上、下册）
ISBN 978-7-112-26891-7
　　（38154）

# 编　委　会

主　　编：闫红民

副主编：周开红　徐聆溪　贾秉志

编　　委：（以编写章节顺序排名）

徐建波　杨义海　胡宗强　胡仿锐　廉　雪　马德娣

姜　万　程淑建　何　烽　孙　好　赵　丰　占　飞

孙庆凯　陈　波

**参编单位：**

江苏方洋建设投资有限公司

江苏方洋建设工程管理有限公司

江苏方洋水务有限公司

连云港徐圩港口投资集团有限公司

江苏方洋智能科技有限公司

苏交科集团股份有限公司

我国改革开放40多年来，国家和各省（区、市）众多产业园区得到迅速发展，随着园区内产业结构的不断升级，作为产业发展载体的产业园区对基础配套和生态环境建设内容与建设标准也随之提高，并成为产业园区可持续发展的基础保障。

连云港徐圩新区是国务院确定的国家七大石化产业基地之一，是以石化产业为主的多个产业园与功能区组成的大型新区，为了满足新区内产业建设发展需要，徐圩新区投资建设了多个大型基础配套工程和生态环境工程项目，为取得经济发展与生态环境双效益打下了坚实的基础。

江苏方洋集团作为徐圩新区的实业投资主体，在徐圩新区进行了大量的基础配套和生态环境工程投资建设。江苏方洋集团出于对工程技术积累的重视，对所完成的工程建设进行了经验总结，编写完成了《临港产业区工程建设实践》一书。全书分为上下两册：上册为《临港产业区工程建设实践——基础配套工程》，编者从所完成的建设项目中选取了具有代表性的6项工程——国家级应急救援基地建设、市政管线入廊建设、香河湖应急备用水源建设、徐圩港区建设、海事与治安监控平台建设、道路桥梁建设，将这些建设经验收入本书；下册为《临港产业区工程建设实践——生态环境工程》，编者对所建设完成的生态绿地、工业废水处理、达标尾水净化、达标尾水排海等项目中积累的工程经验进行了梳理，将这些建设经验收入本书。全书介绍了各项目的建设背景、设计思路、重要数据和技术措施等内容，既可以作为这些工程项目的技术资料库，也可以为其他产业园区的建设提供有益的借鉴。

在本书编写过程中得到了许多兄弟单位和热情人士的帮助，在审核过程中得到了中国建筑工业出版社编辑们的细心指导和帮助，在此一并表示感谢。

限于作者水平，书中难免会有疏漏和不妥之处，敬请读者批评指正。

《临港产业区工程建设实践》编写组

2021年9月

## 上册：
## 基础配套工程

# 目录

# 下册：
# 生态环境工程

我国的产业园建设发展迅速，各地产业园基础配套设施功能也越来越全面，有些产业园在建设完成一般性基础配套设施的基础上，根据自身发展的需要，建成了一些功能比较特殊的基础配套。

徐圩新区是国务院批复设立的国家东中西区域合作示范区的先导区和中国七大石化产业基地之一，具有十分重要的战略区位优势。在连云港徐圩新区建成的应急救援基地、应急备用水源工程、地下综合管廊和徐圩港区码头等基础配套设施工程，是经得起时间和历史检验的"精品工程""百年工程"，必将为新区的高质量发展和国际影响力的提升发挥重要的作用。

## 1.1 我国产业园区的发展与建设

改革开放40多年来，全国各地涌现出来的经济技术开发区、高新技术产业园、工业产业园等已经形成了一个庞大的产业园区体系，它们经历了不同的发展阶段，随着发展水平的不断提高，对应的产业园区基础配套标准也在不断提升。

1979年，我国第一家产业园区——深圳蛇口工业区的建立拉开了我国产业园区建设的序幕，我国产业园区自此发展起来。1984年，大连经济技术开发的挂牌代表着我国产业园区进入开发区与高新区模式的初创探索期及经验推广期。2003年之后，产业园区出现了爆发式增长，各园区发展水平良莠不齐，于是国务院办公厅发布了《关于暂停审批各类开发区的紧急通知》，以使产业园区各项发展更加规范。至2006年，工业用地市场化竞争越发激烈，产业园区进入转型升级阶段。2017年至今，产业园区的发展被赋予了全新的历史使命，在我国经济发展中扮演着重要角色。

经过40余年的发展，全国已经有经济技术开发区、高新技术产业开发区和各专业类型产业园区共计10000余家，其中国家级各类开发区、产业园区552个，省级开发区、产业园区为1991家。

产业园区对我国经济发展起到了巨大的推动作用，国家级经济技术开发和国家级高新技术产业开发区两类园区的GDP平均增速为13.43%，远高于同期我国GDP的增速，已经成为带动我国经济转型升级和创新发展的重要力量。

国内各类产业园区设立之初，发展目标仅着眼于工业经济，在基础配套方面相对比较简单，多数园区只提出"三通一平"（通水、通电、通路和场地平整）的标准，基本属于基础配套初级阶段。这一阶段产业园区发展基础薄弱，工业发展迟缓。产业园区的主要力量集中于发展工业，基础配套功能存在很多缺失，园区无力量进行更多的基础配套服务；此外，当时的基础配套意识也比较有限。

随着国内整体经济发展水平的不断提高以及随着各类产业园区的经营和发展，其基础配套越来越全面，配套的专业性也越来越强。后来成立的各类产业园区对于基础配套水平提出了"七通一平"，甚至"九通一平"的标准，其中包括给水、排水、雨水、电力、通信、燃气、热力、道路和有线电视。对于产业园区建设来讲，除了"七通一平"或"九通一平"，还包括供给设施的建设，如自来水厂、污水处理厂、热电厂和变电站、水利设施和雨水泵站、通信机站或机房、燃气调压站等；还有不少产业园区提供了更多的有针对性的基础配套服务内容，如蒸汽、专业油料输送等；有特别要求的园区还建设有铁路专用线和港口设施。

当入驻产业园区的企业大量增加之后，产业园区的用地规模和生产规模达到比较高的水平时，园区管理部门会针对本园区产业发展的需要，相应地增加新的、服务更全面的基础配套设施，从而进入多功能配套服务阶段。

基础配套设施的建设对于产业园区的发展起着重要作用，相对完善的基础配套设施可以保证园区经济活动的正常运行。如果把产业园区基础配套设施比作人体的生理系统，那么道路交通就是人体的脉络系统，邮电通信是人体的神经系统，给水排水是消化和泌尿系统，电力是血液循环系统，要维持人体正常运转，这些系统缺一不可，任何一方面失灵，都将导致人体失衡。对于产业园区来讲，则会导致局部瘫痪、生产停滞、经济受损。

## 1.2 徐圩新区发展与建设

2009年4月20日，习近平同志视察连云港时说道："孙悟空的故事，如果说有现实版的写照，应该就是我们连云港在新的世纪后发先至，构建新亚欧大陆桥，完成我们新时代的'西游记'。"这是习近平对连云港发展的殷切希望。目前，连云港正全力"建设大港口、构建大交通、推动大开放、发展大产业、促进城市功能品质大提升、实现大发展"，致力打造成为"一带一路"交汇点建设的"强支点"。

连云港徐圩新区成立于2009年，是国务院批准设立的国家东中西区域合作示范区的先导区，其位于连云港市城区东南部，东临黄海，规划总面积467km²，其中产业区210km²，徐圩港区74km²。依托欧亚大陆桥"东方桥头堡"的区位优势，重点发展以原材料、产成品大进大出为基本特征的重化工业和对水运依赖度较高的加工工业，并大力发展港口建设，促进临港工业在徐圩新区的集聚。

2013年11月30日，国家发展和改革委员会（后文简称发改委）下发《国家发展改革委办公厅关于连云港石化产业基地规划编制和一期工程前期工作的复函》（发改办产业〔2013〕2924号），明确连云港石化产业基地位于连云港市徐圩新区，要求抓紧开展连云港石化产业基地规划编制和炼化一体化项目一期工程的前期工作。

2014年，国家发展改革委发布《石化产业规划布局方案》（发改产业〔2014〕2208号），再次明确连云港石化产业基地是我国重点发展的新建七大石化产业基地之一。

徐圩新区是以石化产业为主的临港产业区，按照"环保安全、工艺设备、投入产出、品质品牌"四个一流的标准，徐圩新区努力将石化产业园区打造成世界级石化产业基地（图1-1）。徐圩新区于2019年11月获批"国家智慧石化产业试点示范创建园区"，同年12月又获批"生态环境部环境综合治理托管服务模式试点"项目，成为全国4个获批试点项目之一。

徐圩新区在基础配套方面经历了从无到有，从简单到全面的发展过程。徐圩新区自成立以来的12年里，着力打造基础配套设施体系建设，已累计完成基础设施投资约570亿元。在新区成立之初，进入新区的道路仅仅是一条4m宽的海堤路，经过12年的建设，已经建成徐新路、江苏大道等道路81条，建成张圩互通立交桥等各种桥梁30座。建成的市政配套设施有：2个自来水厂、2个污水处理厂（图1-2）、3个大型变电站、应急备用水源水库。建成的重要交通运输设施有：徐圩港口码头、货运铁路连盐铁路徐圩支线等。建成的其他建筑类配套设施有：产业服务中心大楼，人才公寓，管理教育学院医疗、多式联运中心，大陆桥展览展示中心，生态绿地与园林景区（图1-3）等。

图1-1 徐圩新区石化产业园实景

图1-2 徐圩新区东港污水处理厂实景　　　图1-3 徐圩新区云湖水利风景区实景

如今，徐圩新区全力推进绿色、循环、低碳发展，优化空间开发格局和生态产业布局，建立科学的环境管控体系，打造资源节约型、环境友好型新区。新区从点到线，由线到面，为产业园区健康发展提供各类基础设施配套，同时提高配套质量与水平，既要筑巢引凤，更要助凤高飞。如今，徐圩新区已从一片荒芜的盐碱地，变成欣欣向荣的大型临港产业区。

# 1.3 徐圩新区基础配套设施建设

徐圩新区在成立以来的12年时间里，建成了数十项大型基础配套设施，其中包括一般性的基础配套设施，如市政管线工程、道路桥梁工程、自来水厂和污水处理厂等；还包括一些针对本地区所需的基础配套工程，如应急备用水源工程、应急救援基地（图1-4）、徐圩港区建设工程等。它们的建成及投入使用，成为产业园发展的基础保障。本节选取其中具有代表性的6个项目进行详细阐述。

## 1.3.1 国家级应急救援基地

徐圩新区作为一个以石化产业为主的园区，发生重大事故灾难的可能性比较高，为了对突发、具有破坏力的紧急事件采取预防、预备措施和实现快速响应，建设具有指挥调度、抢险灭火和医疗救援等功能的应急救援基地非常重要。

在发生事故时，基地是紧急状态下的指挥与处理中心，在平时则负责对整个管辖范围内的危险品仓库、危险品生产线、重要的交通枢纽等多项内容进行监控，同时还能够对大气环境质量、地表水与地下水源水质进行信息收集，为抢险救援提供所需的资料数据，是保障产业区平稳运行、应对突发事件的核心设施。

该基地包括应急救援指挥中心、灭火救援应急中心、医疗应急救援中心和应急避难场所，总投资约11.5亿元，建成了一套完整的应急救援硬件设施，形成了健全的应急救援体系。

图1-4 徐圩新区应急救援基地

### 1.3.2 市政管线入廊工程

2016年8月，徐圩新区着眼长远发展和国防战备需要，启动地下综合管廊建设，并成为江苏省首批试点地区。计划用20年左右在153km²的淤积盐滩上高标准规划建设约52km的地下综合管廊，设置2～4个舱室，分别布设电力、通信、原水、给水、污水、燃气、热力等市政管线，实现产业保障、安全环保、防灾抗灾、应急疏散、应急灾备和智能管控六大功能。管廊内部将配套建设地下应急指挥中心、地下医院、地下数据灾备中心、能源站等灾备系统。已建成的运营调度指挥中心，可实现对管廊结构健康状况、管线安全状况的实时监测，使各子系统间协同运作、资源共享、应急联动。

未来在发生重大灾害甚至战争时，地下综合管廊可作为人民防空、人员掩蔽和应急指挥的场所，可供6.5万人生活10天，最大限度发挥地下综合管廊在应急救援和国防安全方面的多重功能。

在管线入廊工程中采用了一些突破常规的做法，如在吊装口的设计中，为了考虑地下综合管廊所在道路的景观效果，采用了隐蔽式设计手法；在污水管线入廊设计中，增设泵站提高水力梯度解决了高程问题；在污水检查井设计中，既结合了当前国内管道养护设备的性能与地下综合管廊的现实问题，又能够满足污水管线运行所需要的条件，开创了地下综合管廊污水管线检查井间距的新尺度，使检查井间距达到360m。如图1-5所示。

图1-5 污水管入廊管线

### 1.3.3 应急备用水源工程

应急备用水源工程为保障徐圩新区生活用水和产业园区生产用水安全而建设，该工程包括建成1座生态型下挖式蓄水库和双线输水管道工程。该水源地周边外围生态大堤长约5333m，水库有效库容为450万m³，应急供水量为45万m³/d，能够满足徐圩新区连续10天应急原水供应（图1-6）。应急备用水源地项目总投资约7亿元。

### 1.3.4 徐圩港区建设工程

该工程是为解决徐圩新区石化产业企业对外大宗货物的海运需求而建设的，徐圩港区也是连云港港口成为区域性中心港口的重要组成部分，是拓展港口功能、实现港口可持续发展的重要支撑。徐圩港区具备装卸仓储、中转换装、运输组织、现代物流、临港工业、综合服务等多种功能，航道达30万吨级，目前的吞吐量约7000万t，预计2030年吞吐量将达1.3亿t（图1-7）。

图1-6 香河湖应急备用水源地鸟瞰图

图1-7 连云港徐圩港区

### 1.3.5 海事与治安监控平台工程

该工程是为了向徐圩港区及其周边地区提供海事与治安监控服务而建设的平台，它是港区及海岸地区重要的服务设施，成为融船舶雷达监测、治安监控、应急指挥等功能为一体的港区标志性建筑。

该平台为塔式钢结构构筑物（图1-8），塔体高80m，建筑面积768m²，单体及周边配套用地总面积约27200m²，总投资约7284万元。

### 1.3.6 道路桥梁工程

徐圩新区建成了现代化综合交通运输体系，包含公路、铁路、水运等多种交通形式，累计建成道路81条、桥梁30余座。本书以张圩互通立交桥、徐新路、海滨大道（图1-9）3项工程为代表，详细介绍徐圩新区道路桥梁的工程建设（详见本书第7章）。

图1-8 徐圩港区海事与治安监控平台

图1-9 徐圩新区海滨大道

从有关石化产业园区的发展分析报告中可看到，石化产业园区在安全方面的特点是重大危险源数量多，事故发生快速且后果严重。为应对石化产业园区的安全需求，建设应急救援基地、构建应急救援体系对于减少事故发生、降低事故损失有着重要的意义。

徐圩新区作为国家七大石化产业基地之一，从石化产业园区建设之初就规划了应急救援体系，其核心枢纽就是应急救援基地。该基地按照国家级应急救援基地标准进行建设，建设内容包括应急救援指挥中心、灭火救援应急中心、医疗应急救援中心和应急避难场所等，主要担负徐圩新区石化产业区的应急救援及安全管理职能，为石化产业园区的安全生产运营提供必要保障，促进整个新区的经济社会持续稳定发展。

本章主要介绍徐圩新区建设国家级应急救援基地的建设内容和建设经验，并针对石化产业园区的事故特点和应急救援特点，构建硬件体系和软件体系。主要内容包括应急救援基地三大中心的设计与建设，应急救援智能管理系统、联运与运营机制等。

## 2.1 应急救援基地概况

### 2.1.1 基地的作用

连云港徐圩新区作为国家七大石化产业基地之一，未来这里将汇集众多大型化工产业，按照徐圩新区总体规划，将形成面积达 $45km^2$ 的大型石化产业园区。石化产业属于安全风险较高的行业，随着石化产业园区内的企业逐步增多，防范事故风险与抢险救援将是新区非常重要的安全工作；同时，新区内其他产业园和新区内的自然灾害等同样需要抢险救援力量作为保障，新区建设应急救援基地成为必要的选择，并发挥着重要作用。

#### 1. 保障新区安全

现今，灾难事故呈现出灾害规模大、处置难度高的趋向，亟须如应急救援基地这类功能强大、组织有力的机构和设施，能够在抢险救援过程中担负起统一指挥、协调抢险救援力量并及时有序处理复杂多变事故现场的工作。应急救援基地的建成并投入使用，为徐圩新区安全生产及应对各种自然灾害提供了强有力的保障。

**2．完善救援体系**

建成的应急救援基地包括应急救援指挥中心、灭火救援应急中心、医疗应急救援中心三大中心，使包括各产业区在内的新区范围构建了完整的应急救援体系，使新区的应急救援整体能力达到了新的水平，也是新区基础设施水平和社会管理水平的体现，成为徐圩新区基础设施建设的标志性工程。

**3．应急救援中枢**

在灾难发生时，发挥应急救援基地的应急管理职能，充分利用装备优势和体系优势，组织协调本区内安监、消防、医疗等职能部门和各驻区单位协同作战，使各方在应急防灾抢险、交通事故救援清障、反恐防暴等处置过程中协同配合，高效有序地做好抢险救灾工作，由单纯的救援工作变成多部门协同的综合应急救援服务。

**4．对外提供救援**

应急救援基地的建成不仅为本地区经济社会安全发展提供了保障，还可以参与到周边区域的应急救援体系中，为苏北及鲁西南地区补充应急救援力量。

### 2.1.2　基地建设情况

应急救援基地位于徐圩新区核心区内（图2-1），西临江苏大道，北靠徐圩大道，东接云河路，南依灯塔路。

图2-1　应急救援基地在徐圩新区核心区位置

应急救援基地由应急救援指挥中心、灭火救援应急中心、医疗应急救援中心、应急避难场所等组成，如图2-2、图2-3所示。应急救援基地总占地面积约27.76万m²，总建筑面积约19.08万m²，总投资约11.5亿元。

图2-2　应急救援基地在徐圩新区核心区鸟瞰

图2-3　应急救援基地总平面图

应急救援指挥中心和灭火救援应急中心布置于云河南路以北的东西两侧，医疗应急救援中心布置于云河南路的南侧，它们用地相邻且联系便利。应急避难场位于应急救援指挥中心的西侧，此地块与区内绿化用地相结合，利用绿化用地无建筑的特点，便于临时搭建帐篷用于避难，将两者用途有机地结合到一起，补充了应急救援基地的功能。

应急救援基地位于徐圩新区北部，距徐圩新区辖区范围最南边行车道的直线距离为18.9km，救援服务范围达200km$^2$。该基地临近的江苏大道和徐圩大道，均属区内交通干道，为应急救援队伍快速到达救援现场提供有利条件：2分钟内可到达徐圩新区核心商务区及居住区，10分钟内可抵达石化产业园区，30分钟内可以到达徐圩新区范围内任何一个地方展开抢险救援。

### 2.1.3 连接周边设施

在应急救援基地总体规划设计中，考虑将基地地下空间与地下综合管廊人员疏散通道之间建立连接，扩大应急救援基地的地下空间使用价值（图2-4）。如，应急救援基地西邻徐圩新区地下综合管廊，距离约170m；再如，应急救援指挥中心和医疗应急救援中心的人防工程与地下综合管廊相连，当灾难发生时地面疏散有风险时，避难人员可以直接通过地下综合管廊人员疏散通道进入应急救援基地，需要抢救的人员可以通过该通道送到医疗应急救援中心进行救治。

图2-4　应急救援基地连接地下综合管廊通道剖面示意图

应急救援基地与地下管廊的连接不仅扩展了应急救援基地的救援能力，实现了应急救援基地与地下综合管廊的互联互通，提高了临港产业区的整体应急抢险救援水平。

## 2.2　应急救援指挥中心

应急救援指挥中心是徐圩新区应急救援基地最重要的组成部分，是应对管辖区域内一切突发事件的过程中，实施抢险救援和医疗救护等行动的指挥中枢。

### 2.2.1 主要功能

应急救援指挥中心是应对多种紧急事件的处理中心，包括反恐防暴联合处置中心、交通事故救援清障中心、应急避难中心、应急防灾抢救救援中心及配套辅助设施。应急救援指挥中心配置了现代化的应急指挥管理平台，并与灭火救援应急中心、医疗应急救援中心和新区辖区内的其他相关单位建立联动，实现了应急救援指挥信息准确、传达高效的目标。

应急救援指挥中心在各类灾难和事故突发时，负责组织协调各方面救援力量，指挥救援抢险与救灾行动；在平时防范灾害与事故中，则负责灾害的防范和安全隐患的检查与指导，保证整个新区的企业生产安全运营。它是一个综合性的应急救援指挥中心，其主要功能包括：综合值班值守、灾害监测预警、集中指挥调度、事件信息汇聚、外部应急资源协调、应急物资储备调拨等。

应急救援指挥中心由若干个单项中心组成，分别为交通事故救援清障中心、反恐防暴联合处置中心、应急防灾抢险救援中心和抢险大队等。应急救援指挥中心与徐圩新区辖区内的公安分局、交巡警大队、城管大队、应急抢险大队等机构互相配合协作，在应急救援过程中可以联动，进而全面提升应急救援指挥的效果和处理突发灾害事件的能力。

应急救援指挥中心的人防地下室工程，兼具人员避难及物资储备等功能，并与徐圩新区地下综合管廊连通，实现了应急指挥中心、地下综合管廊和医疗应急救援中心抢险救援通道的互联互通。

### 2.2.2 建筑布局

应急救援指挥中心位于应急救援基地的北部西侧，分为东、西两部分，东部地块为4个单位的办公及生活配套组团，西部地块结合城市绿化设置应急避难场所，如图2-5所示。

应急救援指挥中心用地面积约6.61万$m^2$，总建筑面积约4.47万$m^2$，其中地上建筑面积3.79万$m^2$。配套功能布置在地块内部核心区域，有利于各单位共同使用。东部地块采用街区式布局，建筑沿城市道路布置从而围合而成若干个建筑庭院，如图2-6所示。东部地块北侧布置交通事故救援清障中心（交通应急指挥中心）、反恐防暴联合处置中心（公安应急指

图2-5 应急救援指挥中心鸟瞰图

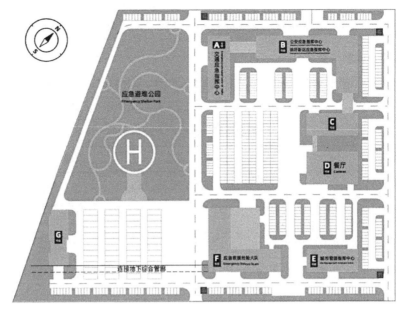

图2-6　应急救援指挥中心平面布置图

挥中心）、交通事故救援清障中心暂扣车辆停车场、反恐防暴联合处置中心公寓楼及配套餐厅。东部地块南侧为应急防灾抢险救援中心（城市管理指挥中心）和应急救援抢险大队及物资库。

　　应急救援指挥中心是由7栋单体建筑组成的建筑群，建筑基本布置在用地四周，从而形成了一个围合空间，内部用地较为集中，土地利用率得到提高。由于本中心含有应急避难场所，所以建筑密度比较低，仅为13.9%，容积率为0.573，内部空间比较宽敞，在四周建筑围合的情况下，站在中心场地没有压抑的感觉；绿地率达到32%，为中心内部提供了舒适的景观环境；建筑线条简洁、流畅，配以浅棕色为主的外墙，建筑群整体显得沉稳、美观；共提供机动车停车位760个（地下停车位80个），非机动车停车位770个。项目总投资约2.4亿元。

　　西部地块为应急避难场所，其中该地块北侧为应急避难公园（图2-7），用地面积11500m$^2$；地块南侧为应急避难广场，用地面积8500m$^2$。在应急避难公园内设置有直升机停机坪，为紧急事件情况下的消防救援、重伤员及时抢救提供直升机起降停放服务。应急避难广场平时为城市广场，应急时可作为避难篷宿区或伤员等待转运区，此广场可以容纳5000人同时避难。应急避难广场

图2-7　应急避难公园实景图

建有管理用房及人防出入口，通过地下人防设施与应急抢险办公楼相连，应急时可作为应急指挥区。

### 2.2.3 建筑内部功能

应急救援指挥中心各建筑功能如表2-1所示，实际建成效果如图2-8、图2-9所示。

| 楼号 | 功能 | 具体用途 | 建筑面积（m²） | 层数 |
|---|---|---|---|---|
| A | 交通事故救援清障中心 | 交通违法处理、车驾管业务、勤务指挥及值勤宿舍等 | 3964.6 | 地上4层 |
| B | 反恐防暴联合处置中心 | 户政、办案、应急指挥调度等 | 12050 | 地上6层 |
| C | 公寓楼 | 配套公寓共有50间 | 4812.7 | 地上6层 |
| D | 餐厅 | 用餐服务 | 2278 | 地上2层 |
| E | 城市管理指挥中心 | 城市数字化管理平台、信访、办公及生活配套 | 3116.5 | 地上4层 |
| F | 应急抢险 | 人防车库、救援车库、应急救援物资库、办公及值班宿舍等 | 11035.6 | 地下1层、地上5层 |
| G | 展示中心 | 避难时应急管理调度中心及城市避难综合管廊展示中心 | 1722.1 | 地下1层、地上1层 |

应急救援指挥中心各建筑功能一览表　　　　　　　　　　表2-1

应急救援指挥中心F号楼（图2-10）为应急抢险办公楼，其地下建筑具有人防功能，人防按照核6级人员掩蔽场所建设，可容纳2330人避难；同时，兼具车库、物资库及打靶训练场等功能。地下建筑面积5740.04m²。

地下室按功能划分为设备机房区、地下车库区、储藏室物资库、打靶训练区、配套功能区域等，如图2-11所示。地下空间与地下综合管廊、G号楼地下

图2-8　应急救援指挥中心建筑（A号、B号楼）

1层、医疗应急救援中心等相通，与地上应急指挥中心、应急避难场所相辅相成，可作为灾时人员救援掩蔽、物资储备、应急指挥等功能场所，平时可用于地下停车、物资储备等。

### 2.2.4 业务职能

应急救援指挥中心建立了统一领导、分级响应、纵横联动的响应运行机制，以一专多能的综合性应急救援队伍和专业的救援装备为依托，建设成统一指挥、反应灵敏、运转高效的

图2-9  应急救援指挥中心建筑（C号、D号、E号楼）　图2-10  应急救援指挥中心建筑（F号楼）

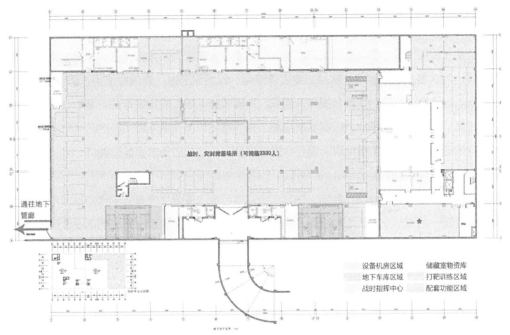

图2-11  应急救援指挥中心地下室平面布置图

综合应急救援指挥中心。

应急救援指挥中心的主要业务职能包括以下几方面。

### 1. 应急预案管理

应急救援指挥中心负责组织编制和综合管理适合新区应急管理现状的应急救援预案，达到与上级部门应急预案、应急管理委员会各成员单位的应急预案、企业的应急预案等的相互衔接。对石化园区相关企业，各乡镇、街道及有关部门的应急救援预案的实施进行综合监督管理。

### 2. 应急救援信息报送与分析

应急救援指挥中心负责新区应急救援重大信息的接收、处理和上报工作，负责分析重大危险源监控信息并预测重大、特大及特别重大事故风险，及时提供预警信息，建立与上级及各类专业救援机构的信息联络机制。

### 3. 应急救援指挥调度

应急救援指挥中心负责指导、协调事故的应急救援工作；根据上级有关部门的要求，调集有关应急救援力量和资源参加事故抢救；根据上级应急救援机构授权，指挥应急救援工作；根据上级应急救援指挥中心的要求，参与较大、重大、特别重大事故灾难的救援工作。将辖区内公安、消防、环保等部门以及车辆、物资、人员等相关资源纳入一个统一的指挥调度系统，建立统一的应急指挥调度平台，形成智能化的应急救援指挥网络体系，实现统一指挥、快速反应、联合行动的指挥联动，有效应对突发性公共事件，调度、指导各专业救援队伍，组织、协调实施新区的应急救援服务，为新区的公共安全提供强有力的保障。

### 4. 现场抢险救援

应急救援指挥中心参与上级安排的重大、特别重大事故灾难救援工作；成立应急抢险救援领导小组、专家组、现场抢救组、物资保障组、现场保卫组、通信联络组、医疗救护组、监测组、宣传报道组等，按照救援方案组织、指挥救援队伍实施救援行动；紧急调用抢险物资、设备、人员和占用场地；根据事故情况，有危及周边工作地点和人员的险情时，组织人员和物资的疏散工作；负责记录、保存救援过程资料，总结应急救援经验教训。

### 5. 应急避难疏散

应急救援指挥中心组织、参与、指导、协调本区域内安全生产事故灾难的应急抢险、救援工作，统一指挥，按照预定的顺序、路线，指导事故现场人员及时撤离到达安全地点；合理布置疏散路线，对疏散的区域，疏散的距离，疏散的路线，疏散的运输工具以及安全集合点做出详细的规定和准备；考虑疏散的人数，风向、风速等条件的变化等问题；对临时疏散的人群，做好临时的生活安置，保障必要的生活条件。

### 6. 交通清障

应急救援指挥中心负责辖区路段交通事故、非交通事故的清障施救工作，保障道路安全畅通；事故发生后，配合公安机关、交通管理部门进行事故现场的交通管制、抢救伤者和财产、恢复交通等。

### 7. 物资储备

应急救援指挥中心负责救援队伍装备和物资储备的统计、调配；负责应急救援物资的储备调运和安全生产、救援资产管理等应急准备工作。出现突发事故发生时，负责应急物资的准备和调运，紧急调用时，相关部门和人员积极响应，通力合作，密切配合，建立"快速通道"，确保运输畅通。

### 8. 技术保障

为确保应急救援基地的高效运行，加大应急救援信息化工作的开展，基地需加强技术保障能力的建设。应急救援指挥中心以重大危险源为对象的远程监测监控预警系统、应急救援指挥与培训演练系统、应用软件支撑平台系统、基础系统支撑平台、移动应急平台等应急救援信息平台作为信息支撑，以信息安全系统保障内网与政务外网信息系统的安全防护，确保信息系统安全稳定运行。

## 2.3　灭火救援应急中心

灭火救援应急中心是徐圩新区应急救援基地重要的组成部分，在开展灭火等多项抢险救援任务中，灭火救援应急中心是实施抢险救援行动的最主要力量。

### 2.3.1　主要功能

灭火救援应急中心主要承担灭火救援、重大安全生产事故救援、暴恐事件中对百姓的救援、群众遇险救援、自然灾害救援和危险化学品泄漏事故处置等任务。该中心利用智慧消防管理平台，统筹管理消防力量建设、消防队伍集中调度指挥、消防管理和物资储备、综合应急指挥备份等。

灭火救援应急中心配置了灭火救援应急中心主楼、消防训练区、综合模拟训练楼和标准篮球场及室内体能训练场所等建筑设施（图2-12）。该中心配置的训练场所有效地提升了新区消防队伍处置突发事件的能力，全面提高了消防灭火和救灾作战能力，有助于开展日常消防工作，预防和减少辖区内火灾事故的发生。

图2-12　灭火应急救援中心鸟瞰图

### 2.3.2 建筑布局

灭火救援应急中心位于应急救援基地的北部东侧，主要功能包括应急救援、网络监控、消防训练、消防车库等。本中心主要由3幢单体建筑组成，其中灭火救援应急中心主楼（1号楼）和体育训练馆（2号楼）两幢楼布置在北侧，沿徐圩大道向东自西排列，综合训练楼（3号楼）布置在南侧，如图2-13所示。灭火救援应急中心主楼主要用于业务办公、消防执勤与消防培训、生活配套；体育训练馆内设有训练馆，包括30m游泳池、标准篮球场和室内体能训练设施，为消防队员提供室内锻炼场所；综合训练楼主要用于向消防队员提供室内模拟训练，裙楼设置能源供应站、变配电房等。

灭火救援应急中心用地面积4.68万m²，灭火救援应急中心主楼、体育训练馆和综合训练楼建筑面积共计2.83万m²。本中心建筑主要布置在南北两侧，留出中间空间布置消防队员训练场地，在空地西侧安排一座400m标准田径运动场，北与体育训练馆相邻；在空地东侧安排实训演练场地，占地面积约2万m²，设置各类化工模拟训练设施。整个中心将按支队级训练基地进行设置，既能够满足实战化训练需求，还能够满足化工设施、化工工艺、化工灾情、化工灾情处置等认知、教学等需求。

灭火救援应急中心主入口设置在用地东侧的云河路一侧、中部偏北位置，便于外来办事人员及消防执勤快速便捷出入；地块南端云湖南路一侧为次入口，方便机动车及日常训练车辆出入；地块西北侧与相邻地块交接处设置次要出入口，方便相邻地块训练人员来此进行临时体能训练等功能需求。车行道路结合分区分别呈环状布置，北侧内部主要道路宽度为7m；模拟训练区及训练楼北侧和西侧为10m宽道路，供消防车双向同时行驶。

由于本中心设有较多的训练场地，所以中心整体建筑密度比较低，为15.1%，容积率

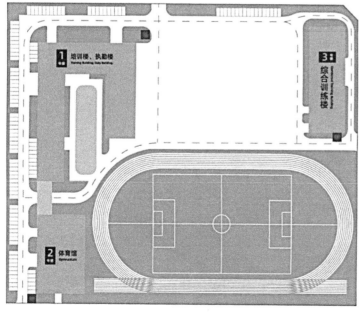

图2-13 灭火救援应急中心平面布置图

为0.6，绿地率为20%。作为新区灭火救援应急中心，其所有建筑外墙颜色均配有消防红，凸显消防建筑的特色，再配以简洁的建筑轮廓，整个灭火救援应急中心建筑群明快简洁。考虑本中心消防配置等级比较高，在总共110个停车位中，留作消防车停车位12个，另设置非机动车停车位135个，项目总投资约1.8亿元。

### 2.3.3 建筑内部功能

灭火救援应急中心各建筑功能如表2-2所示。

灭火应急救援中心各建筑功能一览表       表2-2

| 楼号 | 功能 | 具体用途 | 建筑面积（m²） | 层数 |
|---|---|---|---|---|
| 1 | 灭火救援应急中心主楼 | 业务办公、救援指挥、救援培训、网络监控、餐厅配套，执勤车库及生活住宿 | 16686.40 | 地上5层 |
| 2 | 体育训练馆 | 游泳馆、水上模拟训练、篮球馆及室内体能训练 | 3981.24 | 地上2层 |
| 3 | 综合训练楼 | 区域能源站、室内模拟训练设施 | 7631.28 | 地上12层，裙房地上2层 |

灭火救援应急中心主楼（图2-14、图2-15）的一楼设有12个消防车库，410m²的物资储备库。项目除满足自有队员入驻外，还面向企业主要负责人和安管人员、专/兼职应急救援队伍的培训，同时配套提供100人住宿与用餐服务。位于灭火救援应急中心主楼4层的指挥中心的设备接口、网络、通信、技术标准、应用等配置与应急救援指挥中心保持统一，确保相互切换顺利，互为备用。

体育训练馆一层设有30m长5条泳道的游泳馆，可满足日常体能训练、水上模拟及潜水训练，二、三层设有篮球馆以及其他辅助训练房间，可开展日常各类训练。

综合训练楼主要设有室内真火训练，可模拟火场坠物、轰燃、回火、浓烟、高温等环境，利用地面障碍物、可移动墙体、智能假人等设备，对受训人员的体力、心理的承受能

图2-14 灭火救援应急中心主楼

图2-15 灭火救援应急中心主楼、体育训练馆和运动场

力，应急处置能力，火场逃生能力等开展有针对性的训练和培训。其裙楼设有为应急救援基地及周边地区提供冷热空调的区域能源站。

### 2.3.4 业务职能

灭火救援应急中心树立"大消防"理念，推进各类社会抢险救援资源的整合，立足常规、常备、综合、攻坚职能定位，坚强有力地承担起政府应急救援主体力量的重任，拓展和深化社会抢险救援工作，加强特勤业务建设，增强非火灾类事故灾害的生命救助、生命线工程、化学品事故、交通事故救援、民事救助等各类公共安全应急救援本领。

灭火救援应急中心主要业务职责包括以下几个方面。

#### 1. 消防法规监督执行

灭火救援应急中心负责督促有关部门和单位制定消防安全办法和技术标准；对有关部门制定的办法、标准进行审查把关；对贯彻执行办法、标准的情况进行监督，保证安全操作，安全生产。

#### 2. 组织预案演练，完善消防应急救援功能

灭火救援应急中心定期组织联合预案演练，针对新区可能出现的各类灾害事故特点，有计划、有系统地启动社会应急救援机制，定期组织开展应急指挥与力量拉动演习，以实战形式来检验应急体系的实战效能。

#### 3. 消防监督检查

灭火救援应急中心依法开展建设工程消防设计审核、消防验收、备案抽查及公众聚集场所投入使用、营业前的消防安全检查。

#### 4. 建设工程消防设计审核、验收、备案抽查

灭火救援应急中心按照国家工程建设消防技术标准需求，对建设单位报送的建筑工程消防设计图纸及有关资料进行审核；工程竣工时，对工程进行验收。

#### 5. 消防职业技能培训

灭火救援应急中心指导开展消防战术、技术和军事体育训练，促进消防战术、技术研究，提高灭火战斗能力。

#### 6. 整合社会消防资源

灭火救援应急中心强化了新区企业专职消防队、乡镇保安联防消防队等的建设工作，并建立值班专线，推行"一键式"调度指挥，逐步形成"以政府应急救援队为主体、以专业救援力量为补充、以其他公共辅助力量为基础"的"层次性"构架，确保消防应急救援功能更好的发挥。

#### 7. 社会保障

灭火救援应急中心通过开展灭火救援力量网络体系建设，调查、收集、整合各种社会可调用物资和装备，快速启动应急联动保障机制，满足长时间、大规模、跨区域作战的保障需求。

#### 8. 后勤保障

灭火救援应急中心按照国家规定，组织实施专业技能训练，配备并维护、保养装备器

材，提高火灾扑救和应急救援的能力。

灭火救援应急中心可承接应急救援指挥中心所有的功能，使之形成互为备份的关系，实现随时切换，从而保障应急救援行动的正常进行。依托消防部队建立应急救援中心是当前加强应急救援工作的迫切要求；构建以消防部队为主体的"统一指挥、反应灵敏、协调有序、运转高效"的应急救援指挥中心，是节约行政成本与提升救援效能的最佳选择。

## 2.4 医疗应急救援中心

医疗应急救援中心是徐圩新区应急救援基地重要的组成部分，在应对突发灾难或公共卫生事件时，医疗应急救援中心是抢救受伤人员和急症病患者的最主要力量。

### 2.4.1 主要功能

医疗应急救援中心主要承担统筹管理急救力量建设、急救力量调度指挥、公共卫生突发事件处置、医疗应急物资储备等职责。该中心承担伤员接收、现场抢救、护理转运任务，负责事故现场、卫生防疫、健康教育、防病宣传、心理疏导等工作，为在突发事件中的伤员和病患急救提供有力保障。

医疗应急救援中心汇集防核、防化预防救援功能，园区危险物科研，职业病预防与治疗，园区卫生环境检测，大型学术交流等特色功能，同时兼有日常门急诊医疗部、住院部、医疗保健、医技检查、教学科研等综合性医疗机构的功能，是徐圩新区"打造国际一流石化园区应急救援体系"的标志性工程（图2-16）。

图2-16  医疗应急救援中心鸟瞰图

医疗应急救援中心建有人防地下室工程、应急救援停机坪及高压氧舱。人防地下室内设置地下化学救援区、核救援区等，并与徐圩新区地下综合管廊连通，实现应急抢险救援通道工程互联互通。

### 2.4.2 建筑布局

医疗应急援救中心位于应急救援基地的南部，主要由医疗综合楼、行政科研后勤生活楼和专家公寓等组成。中心以医疗应急事故紧急处理为主，兼顾新区医疗卫生服务，提供院前医疗应急救援服务，实现现场急救与快速转运相结合，成为"集医疗、教学科研、预防保健"等功能为一体的综合性医疗中心。

医疗应急救援中心建筑设施包括门急诊医技楼、门诊综合楼、住院综合楼、科研办公楼、职工疗养楼、后勤楼等。

医疗应急救援中心占地面积10.5万m²，总建筑面积11.78万m²，项目总投资为7.3亿元。主要建设内容包括：地上建筑医疗综合楼7.45万m²、行政科研后勤生活楼1.56万m²、专家公寓0.69万m²，地下室1.32万m²，配套建设道路、绿化、停车场、直升机停机坪等设施，整体概况如图2-17所示。停机坪广场应急时可作为避难篷宿区或伤员等待转运区，可容纳2000人同时避难。局部效果如图2-18所示。

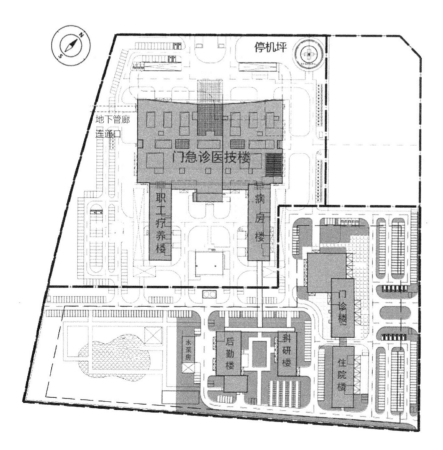

图2-17　医疗应急救援中心平面布置图

图2-18 后勤楼、科研楼内庭院及连廊

### 2.4.3 建筑内部功能

医疗应急救援中心各建筑功能如表2-3所示。

医疗应急救援中心各建筑功能一览表                 表2-3

| 楼号 | 功能 | 具体用途 | 建筑面积（m²） | 层数 |
|---|---|---|---|---|
| 1 | 门诊综合楼 | 门诊、急诊、体检中心、中医、儿科、内外科、妇科、皮肤科等 | 9483 | 地上6层，裙房地上2层 |
| 2 | 住院综合楼 | 病房、ICU、出入院结算、超市 | 5931 | 地上5层 |
| 3 | 科研办公楼 | 变电所、总务库房、科研办公 | 3580 | 地上5层 |
| 4 | 后勤服务楼 | 厨房、餐厅、后勤办公、设备房 | 5202 | 地上5层，裙房地上1层 |
| 5 | 水泵房 | 消防水池、水泵房、污水处理房 | 297 | 地上1层 |
| 6 | 门急诊医技楼 | 门诊、急救、化学救援、消洗、环境监测、实验室 | 37000 | 地上4层 |
| 7 | 住院楼 | 标准病房、烧伤护理 | 19955 | 地上13层、局部14层 |
| 8 | 职工疗养楼 | 康复、护理、休闲 | 19905 | 地上13层、局部14层 |
| 9 | 地下室 | 人防急救、掩蔽 | 15000 | 地下1层 |

医疗应急救援中心建有人防地下室，其建筑面积约1.5万m²，层高6m。人防地下室的战时功能主要为核5级人防中心医院，建筑面积（含人防电站）约4455m²、专业队队员掩蔽部建筑面积约919m²、专业队车辆掩蔽部建筑面积约3384m²。平时急救医院为核化学救援应急及急救中心医技共用部分，车辆掩护部为汽车库功能。高层地下室主要为柴油发电机房、空调换热站、消防泵房和水池及配套库房等辅助用房。通过在化学救援区域设置与综合地下管廊相连通的通道，实现应急救援及人防工程互联互通。地下室平面布置如图2-19所示。

医疗应急救援中心地下室主要有中心医院、专业队队员掩蔽部、专业队装备掩蔽部共三个防护单元，各防护单元功能、等级及技术指标如表2-4所示。

防护单元情况一览表 表2-4

| 防护单元 | 防护等级 | 防化等级 | 战时功能 | 平时功能 | 建筑面积（m²） | 掩蔽面积（m²） | 掩蔽人数/车辆 | 抗暴单元数量 | 战时疏散口 | 干厕 |
|---|---|---|---|---|---|---|---|---|---|---|
| 1 | 甲类、核5级、常5级 | 乙级 | 中心医院（含人防电站） | 应急医院 | 4455.03（514.29） | 2700 | 170人（床位数61张） | — | 3 | 21 |
| 2 | 甲类、核5级、常5级 | 乙级 | 专业队队员掩蔽部 | 车库 | 919.29 | 600 | 200人 | 2 | 2 | 12 |
| 3 | 甲类、核5级、常5级 | 无防化 | 专业队装备掩蔽部 | 车库 | 3383.64 | 2200 | 轻型车20辆，小型车10辆 | 2 | 1 | — |
| 合计 | | | | | 8757.96 | 5500 | 370人，轻型车20辆，小型车10辆 | 4 | 6 | 33 |

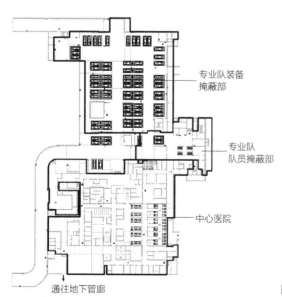

专业队装备掩蔽部

专业队队员掩蔽部

中心医院

通往地下管廊

图2-19 医疗应急救援中心地下室平面布置图

医疗应急救援中心地下室为平战结合人防工程，平时作为汽车库和设备用房，临战转换为人防工程，转换分三个阶段：即早期转换、临战转换和紧急转换。在早期转换阶段，应在国家规定时间内撤除平时使用的内隔墙、设备，砌筑抗爆隔墙、盥洗卫生间、防化值班室等，并完成物资器材和构件加工；临战转换阶段，应完成战时通风、滤毒系统安装，水箱、洗涤间等生活设施的安装，按设计图封堵及通风、给水排水口，电气设备应进行接地和避雷措施；紧急转换阶段，应完成单元连通的转换，进行设备调试，清洗水箱、消防水池，消毒后储存战时人员生活饮用水，关闭作为通风通道的防护门和防护密闭门。

门急诊医技楼建筑面积约3.7万m²，共计4层，一层主要有门诊大厅、急救中心（主要为化救功能）、药剂科、感染科（呼吸道、肛肠）等；二层主要有急诊观察（输液室兼顾小范围化救观察救治）、外科、内科、超声检验中心等；三层主要有眼科、耳鼻喉科、手术中心、血液科等；四层主要有环境检测中心、P3实验室、PCR实验室、职业病预防中心、科研办公、多功能学术交流中心等。

### 2.4.4　业务职能

医疗应急救援中心在突发公共卫生事件或重大灾难事故发生时，是医疗救援的指挥中心，承担紧急救援指挥调度、监督管理院前急救和应对公共卫生突发事件等职能，承担政府各种大型活动的医疗保障，组织参与公共卫生突发事件的现场紧急救援，并与公安110、消防119、急救120、交通122联合行动，形成应急救治系统，在遇到大的疫情和传染病时，可启动应急预案，与疾病控制、卫生监督部门协同作战，进行疾病控制和紧急医疗救治。

医疗应急救援中心是新区应急救援基地重要的职能组成部门，其主要业务职能包括以下几个方面。

#### 1. 突发事件急救

医疗应急救援中心建立了应急工作的运行机制，完善应急预案，建立应急梯队，积极组织参加实战演练，提升应急能力。

#### 2. 日常急救

医疗应急救援中心日常急救包括现场抢救和病人转运，对心脑血管急症、外伤、中毒等危重症紧急救治，在医疗监护下将病人转送医院。

#### 3. 急救培训

医疗应急救援中心可对各医疗机构专业人员进行急救技能培训，对公众及企业进行急救科技宣传与急救知识普及。

#### 4. 指挥调度

医疗应急救援中心集呼救受理、计算机辅助指挥、移动信息终端、地理信息应用、视频显示、会议和设备综合控制等功能于一体，可实现语音通信的数字化、视频传输的网络化和调度管理的信息化，是院前急救的呼救中心、指挥中心和信息中心。

医疗应急救援中心的调度人员可通过多种通信手段与运行的急救车保持实时联系，对院前急救、灾害事故现场急救和院内急救等方面均可及时准确的进行调度指挥。

## 2.5  智能管理系统

应急救援基地采用的智能管理系统是为该基地应急工作提供的专用系统，主要用于应急状态下的救援部署、救援队伍调度和应急物资调配等方面。该系统建设内容包括应急指挥管理平台、智慧消防管理平台、智慧安监管理平台、智慧交通管理平台、智慧医疗管理平台、环境信息管理平台和无线应急指挥调度专网（图2-20）。

智能管理系统充分利用物联网、移动互联网、云计算、可视计算等信息技术，建立安全、环保、应急救援一体化的综合智能管理系统，涵盖应急管理的预防、准备、响应和恢复全过程。

智能管理系统可以在应急救援任务中保障指挥高效、信息传达准确，提升处置重大突发事件的效率。在处置各类灾害和突发事件中，该系统通过整合各管理平台，可以对安监管理、交通指挥、医疗抢救、消防灭火等各项应急任务进行快速统筹安排，快速协调各相关社会救援力量，精准部署各类应急救援任务。应急调度流程如图2-21所示。

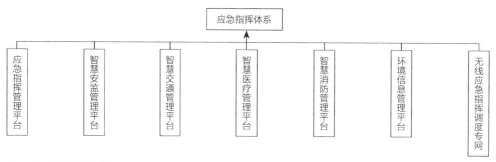

图2-20  智能管理系统

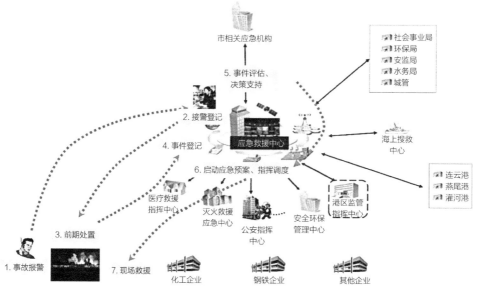

图2-21  应急调度流程

在日常监测工作中，智能管理系统可以提高监测水平和预警能力，对各危险源进行实时监管，保障辖区内的生产与生活各方面安全运行。该系统可以在平时通过对重大突发事故的仿真计算推演，将安全保障化被动为主动，全面提升应急管理水平，有效预防各类突发事件发生。

### 2.5.1 应急指挥管理平台

应急指挥管理平台的功能是建立风险事件应急处置流程，辅助操作人员完成从事件接警到事故报告编制的相关工作，实现对突发事件应急救援的全过程管理，为应急处置和决策提供支持。应急指挥管理平台通过整合各管理平台，推进辖区管理部门之间的业务衔接和协调配合，实现应急救援联动机制。

应急指挥管理平台主要包括以下内容。

#### 1. 融合数据库

融合数据库就是整合辖区内公安局、应急管理局、环保局等相关部门的业务数据，保障应急指挥管理平台与各部门监管平台之间的资源共享、数据同步，避免出现数据孤岛的情况。

#### 2. 应急管理综合门户

通过统一用户管理、统一身份认证，实现业务系统、监控系统和管理平台等系统在应用层信息的集成，为系统相关使用人员和外部用户提供一致的信息访问方式，并监控应急相关舆情信息。

应急管理综合门户是整个应急救援体系的门户和入口，辖区内各部门工作人员可以通过综合门户，访问权限许可的应急救援体系内各平台，实时掌握辖区内各类数据，提升数据访问的便捷性。

#### 3. 应急值守系统

应急值守系统可实现突发事件信息的接收、记录、报送、续报、核报和终报的全过程管理，实现应急值守的信息化。它的主要功能包括日常值班、事故接报、值班管理、初步研判、先期处置、指挥调度、信息录入、过程记录等。

#### 4. 应急资源管理系统

应急资源包括应急组织、应急队伍、应急物资、应急装备、应急专家等。应急资源管理系统可实现区域内应急资源的共享，提升应急资源的管理效率。

#### 5. 应急模拟演练系统

利用应急预案推演可视计算技术，通过三维交互的手段对相应的应急预案进行等比例还原；通过给定的周围建筑物参数、物质特性以及事故种类、严重程度、事故特性等，结合气象信息如风速、湿度等，建立数学模型进行分析，计算最佳的逃生线路，推演事故的发展方向和形态，进而推算出可能造成的损失，为管理者决策提供依据。

#### 6. 现场信息采集系统

在突发事件发生时，在现场能够通过移动终端采集现场坐标、拍摄现场照片和视频、录制音频、录入文字信息等，快速传回指挥中心，为应急救援提供现场实时数据。平时，可以通过移动终端查看企业安全生产专题播报、安全事故快讯、应急队伍专家名单、应急通讯录、值班安排、值守信息等，快速了解区内安全方面的信息。

### 7. 应急监测预警系统

应急监测预警系统通过接入监测设备，实时接收监测数据、预警报警等信息，通过深度神经网络事故感知中的数字孪生技术，充分利用物理模型、传感器数据更新、运行历史等数据，集成多个学科的仿真过程，在虚拟空间中完成映射，能够反映相对应的实体情况。应急监测预警系统对园区内主要危险源单位的基础设施利用数字孪生技术进行高精度的数字重建，通过3D建模在虚拟引擎中合成真实的光影效果，同时叠加实时监测数据从而在虚拟空间中展示实体情况，实现可视化的应急监测预警系统。

### 8. 应急协调指挥系统

当突发公共事件发生后，通过事故现场仿真系统可以模拟事故发生的状况及其影响范围，具有模拟应急现场环境等功能，辅助应急决策方案制定，直观显现突发事故的发展和应急方案实施结果，实现事故信息的综合研判和事故影响评估。

应急协调指挥系统实现电话、集群对讲、语音中继、视频图像、视频会议等通信功能的统一接入，实现各种指挥调度手段的互联互通。在应急指挥调度过程中，通过统一通信系统迅速下达指令，为协同指挥提供有效的通信手段。

### 9. 大数据统计分析系统

大数据统计分析以历史大数据和监测大数据为基础，应用大数据分析手段，对数据内在联系进行分析，实现应急突发事件的预测预警，从而防患于未然。例如分析温度、湿度等气候因素对于各类危险化学品存储的影响，从而制定针对各类极端气候的应急预案。

## 2.5.2 智慧消防管理平台

智慧消防管理平台的功能是全面促进信息化与消防业务深度融合，强化信息数据深度应用，提高火灾物防技防水平。智慧消防管理平台包含作战分析系统、火灾分析系统、车载特勤系统、装备管理系统、营区事务管理系统等。

### 1. 作战分系统系统

在消防车上安装采集设备，监测水罐、泡沫罐、水泵等车辆设备的使用情况，通过4G或应急指挥调度专网上传至指挥中心，指挥中心可以实时监测车辆设备信息情况，提升作战效率。

### 2. 火灾分析系统

根据出警情况数据，自动生成火灾报告，通过相关统计数据分析找出火灾高发区域、高发时间等，有针对性地加强防火检查等处置措施，可以有效减少火灾发生概率和造成的伤害。

### 3. 车载特勤系统

采用车载无线特勤遥控系统，该系统能够基于GIS地图及GPS的自主导航，可以在特勤任务中对路线上的交通信号控制机进行绿波控制，采用准确快速的道路匹配算法，实时准确地在行驶路线上修正GPS位置。根据出发地和目的地智能生成特勤路线，当特勤车队行驶至交叉口时，自动发送命令控制信号机切换为特勤相位（特勤方向绿灯）；当特勤车队离开路口后，自动发送命令控制信号机切换为常态控制，保证特勤车辆的快速通过。

### 4. 装备管理系统

利用RFID、UWB等技术，实现对装备器材的自动识别，对装备业务的全系统、全寿命、全要素、全过程管理。实现了装备器材管理流程的科学化、标准化、智能化，为快速、准确、及时、合理地完成作战保障需求提供技术支撑。

### 5. 营区事务管理系统

依据使用单位的实际需求，运用物联网、人工智能、数据挖掘等技术，实现使用单位的精细化管理目标，规范管理行为，减轻相关人员工作量。系统主要包括人员管控、车辆管控、安全管理、审批事项、查铺查哨、内务卫生、军容风纪、安全检查、评比竞赛、考核监督、辅助决策等功能。

## 2.5.3 智慧安监管理平台

智慧安监管理平台的作用是实现上、中、下游各平台之间数据共享交互，构建安全生产综合信息化平台。智慧安监管理平台向上对接市安全生产综合信息化平台，横向对接新区安全生产委员会成员单位安全生产相关平台，向下对接辖区各产业园生产经营单位重大危险源在线监控及安全管理信息系统。

### 1. 双重预防管控系统

以分析重特大事故发生发展的规律和特点、掌握行业领域关键环节和重点问题、从根本上防范事故发生、构建安全生产长效机制为根本出发点，打造风险分级管控、隐患排查治理双重预防机制，完善安全生产风险分级管控体系、隐患排查治理体系，形成专业化、专题化业务应用，建立涵盖企业风险辨识评估、风险预警预控、隐患排查治理、重大危险源监控、应急管理等安全生产闭环管理模式。

### 2. 特殊作业安全监管系统

特殊作业安全监管系统是针对高危行业企业进行的危险作业监管。通过审批备案功能，整合审查作业风险分析、确认作业条件和安全措施、监护人信息等要素。还可对接视频监控信息、企业端备案系统，提供现场实时作业画面并将作业地点等信息实时在安全生产"一张图"上显示，实时监管危险作业。

### 3. 二道门管理系统

二道门管理系统加强了针对化工企业生产区域人员的管控，分类统计出入生产区域的企业人员、外来人员信息，精确显示生产区域内在线人员动态，第一时间掌握企业应急状态时涉险人员情况，提高应急救援效率，全面提升高危企业风险管控能力和精细化安全管理水平，具有智能监控管理、人员信息资料管理、越界报警、按钮求助报警、历史行走轨迹追踪等功能。

### 4. 安全生产综合"一张图"系统

安全生产综合"一张图"系统在对各项业务数据进行挖掘、分析、展示、查询的基础上，全面展示安全生产数据分布情况、建设情况。

### 2.5.4 智慧交通管理平台

智慧交通管理平台的作用是把辖区内电警卡口、道路监控等设备接入统一的平台中，提升交通指挥中心的警情获知能力、警情分析研判能力、重大事故现场的态势感知能力和扁平化的指挥处置能力。

#### 1. 情报研判系统

情报研判系统是情报主导警务的预警研判机制，可实现交通管理的情报制导、精确打击、精准防控。情报研判系统整合大数据分析、交通态势监测、视频巡检、视频智能化分析、122接处警、互联网、人工上报6大类警情来源，通过大数据分析和AI技术，情报研判系统可以快速识别交通拥堵、交通事故、交通违法等十余类警情。同时通过情报研判系统分析出情报信息，再将情报信息推送到指挥调度系统，与指挥调度系统实现资源共享。

#### 2. 指挥调度系统

指挥调度系统集成了交通信号、视频监控、电警卡口、交通诱导、警用定位等装备和系统，实现了多系统联动，多源数据和横向业务融合，快速准确地处理交通事件，提升交通治理效能，保障道路交通畅通。指挥调度对各类移动警力和资源进行定位，自动显示警情周边警力资源，直接通过电话、短信、对讲机等调度警力，实现警员警力实时调度分配。

#### 3. 网格勤务系统

网格勤务系统是实现路面立体化、网格化的勤务机制，是网上、网下联动的勤务模式，可实现警力的实时位置定位和警力详细资料展示。

#### 4. 交通诱导系统

交通诱导系统实时采集道路交通运行状态的动态信息，接收交通管理部门的指挥调度指令，有效地对交通流进行引导以避开拥堵点，缓解拥堵点的交通压力，提高道路的通行效率，为驾驶员快速、安全行驶提供有效的技术支持。在发生突发事件时，可以让无关车辆绕行，避免由于交通堵塞导致救援车辆无法顺利赶往突发事件地点，提升救援效率。

#### 5. 危化品车辆管理系统

危化品车辆管理系统可以对运输危险化学品的专用车辆实行远程安全监控，利用省监控中心、市监控中心的平台，对入网车辆安全情况实行24小时监控管理；发现重大交通事故时及时报警，并向省市安全生产应急救援指挥中心报告，及时提供车辆安全状况和警情数据。

### 2.5.5 智慧医疗管理平台

智慧医疗管理平台的作用是实现病人诊疗信息和行政管理信息的收集、存储、处理、提取及数据交换，将全部医疗过程统一到智慧医疗管理平台，实现医疗服务水平的提升。智慧医疗管理平台包括医技医辅、移动医疗、互联网医疗、服务管理等子模块。其中，医技医辅模块又包含HIS系统、LIS系统、PACS系统、电子病历、病案管理、合理用药等14个子系统。智慧医疗管理平台还包括医疗救援资源管理、医疗救援资源调度、远程医疗救助、医疗救援培训与演练管理等相关业务系统。

### 1. 医疗救援资源库

医疗救援资源库包括3大模块功能：①基础医疗资源库，实现对医疗队伍、医疗设备、医药物资等资源的动态管理；②医疗预案库，建立新区常见伤害和病例档案库，为应急医疗管理、指挥、救援计划等的方案规划提供支撑，辅助实现医疗方案的快速决策；③医疗专家库，对新区的医疗专家进行配置，一旦发生较严重的伤害或健康事件，可以根据专家库快速调取专家信息，与专家取得联系，并邀请开展远程医疗指导或现场救援。

### 2. 医疗救援资源调度系统

该系统可根据相应的医疗预案自动计算出医疗救援所需的物资、车辆、医疗设备、救护科室等资源的需求明细，并分发通知到应急资源的管理对应负责人。

### 3. 远程医疗救助系统

远程医疗救助系统主要包括急救车远程救助系统、医疗救助中心监控管理系统，可实现救助途中以及医疗期间的远程指导与救助。急救车远程救助系统可根据呼救人的主诉症状进行预案归属，在第一时间派出救护车后，立即按照相应预案，电话遥控呼救者进行现场自救和互救，有效弥补救护车赶到前的急救缺位。医疗应急救援中心设立远程医疗或远程会诊点，外部合作医院、外地专家通过远程登录医疗救助中心监控管理系统，对会诊点的患者进行远程诊断和远程医疗。

### 4. 医疗救援培训与演练管理系统

通过该系统，可以磨合机制、检验预案、锻炼队伍、提高应急处置能力，实现对相关人员的预案培训，组织培训考核，实现了培训工作的电子化教育。

## 2.5.6 其他管理平台

### 1. 环境信息管理平台

环境信息管理平台通过对环境在线监测数据进行采集整合、标准化处理及全面统计汇总，实现环境数据的统一存储、统一管理、统一接口，形成一套标准的监控数据库，实现海量历史监测数据高效的处理、存储、查询和管理。主要监测内容包括天气、风向、温度、土壤、噪声、地表水、地下水等。在发生灾害和突发事件时，能够为决策提供准确、完善的环境信息，如发生火灾时可以提供风向、风速、湿度等气候信息，发生有毒有害物质泄漏时，可以提供水文地质信息等。

### 2. 应急指挥调度专网

应急指挥调度专网是无线宽带数字集群专用网络，该网络具有专用性、可靠性、安全性的特点，能为新区的政务信息和数据传输提供一条安全可靠的政务通信"应急车道"。通过建立有线与无线相结合、基础电信网络与机动通信系统相配套的应急通信系统，确保突发事件应对工作的通信畅通。在发生应急突发事件时，如果运营商线路中断或发生信号堵塞，无法正常使用，通过应急指挥调度专网配置的信号发射车，可以保障应急救援指挥中心与事件现场信息快速交互，无人机也能通过专网将航拍数据实时传递到应急救援指挥中心，为决策提供依据。

### 2.5.7　新技术运用

应急指挥管理平台运用了三维模拟、仿真技术，建立数学模型对事件发展进行可视化处理，立体、直观地推演事故的发展方向和形态，平时可以实现应急模拟演练，战时进行事件的仿真推演，为决策指挥提供依据。

#### 1. 预案推演可视计算

通过应急预案推演可视计算，采用三维交互的手段对相应的应急预案进行等比例还原，如发生火灾时，可进行起火位置模拟、人员数量模拟、人员疏散过程模拟以及其他环境参数模拟等。以详细的参数为依托进行可视计算，准确模拟应急方案的执行过程并反映其中可能出现的问题。

#### 2. 事故推演可视计算

突发事件发生时，对事故进行推演可视计算。通过给定的周围建筑物参数、物质特性以及事故种类、严重程度、发生地点和事故特性，结合气象信息如风速、湿度等，建立数学模型进行分析。通过地理信息系统、三维仿真技术模拟事故发生的状况以及它的影响范围，对应急现场环境进行三维模拟，推演事故的发展方向和形态，进而推算出可能造成的损失，为管理者提前规避风险、辅助制定应急决策方案，为事故处理提供综合研判和事故影响评估服务。

例如运用三维模拟仿真技术对危险化学品爆炸事件进行模拟，如图2-22所示。

#### 3. 深度神经网络事故感知

深度神经网络事故感知中的数字孪生技术是充分利用物理模型、传感器更新、运行历史等数据，集成多个学科的仿真过程，在虚拟空间中完成映射，能够反映相对应的实体装备的运行情况。对于辖区内生产经营单位的基础设施，利用数字孪生技术进行高精度的数字重建，实现所有实体设备真实再现，并通过数据的分析和学习，逐步形成报警预警的自动化。

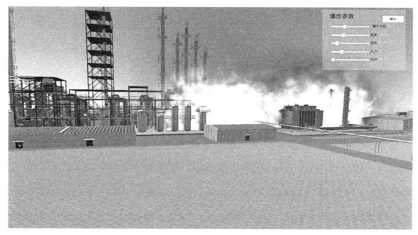

图2-22　危险化学品爆炸模拟

### 2.5.8 基地智能化

应急救援基地智能化的作用是服务于基地自身管理，提高基地管理效率，提升基地管理水平。应急救援基地的智能化包括应急救援指挥中心智能化、灭火救援应急中心智能化和医疗应急救援中心智能化3个部分。应急救援指挥中心作为应急救援基地的核心，不仅整合辖区内公安、交警、城管、环境等资源，还需要统筹灭火救援应急中心、医疗应急救援中心资源，调用徐圩新区云计算中心数据资源，使得整个基地的应急救援达到综合管理、联勤联动、应急高效的目的。

应急救援基地智能管理系统总体架构如图2-23所示。

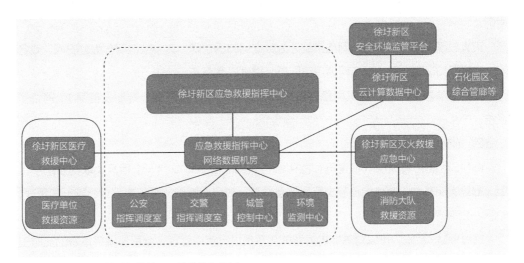

图2-23 应急救援基地智能管理系统总体架构图

应急救援指挥中心智能化包括综合布线系统、计算机网络系统、综合安防系统、背景音乐及公共广播系统、一卡通管理系统、大屏显示及信息发布系统、楼宇自动控制系统、机房工程、多媒体会议系统等15个系统，工程造价3100万元，现已建成指挥大厅、报告大厅、监控中心等工程（图2-24）。

灭火救援应急中心智能化包括综合布线系统、计算机网络系统、视频监控系统、背景音乐及公共广播系统、一卡通系统、入侵报警系统、会议系统、指挥中心工程、机房工程、楼宇自控系统、IBMS系统等13个系统，工程造价1339万元。

医疗应急救援中心一期智能化包括了综合布线系统、计算机网络系统、机房工程、视频监控系统、入侵

图2-24 应急救援基地指挥中心

报警系统、一卡通系统、信息发布系统、背景音乐与公共广播系统、会议系统、楼宇自控系统、能源管理系统以及分诊导引显示系统、医护患对讲系统等。

这里主要介绍下计算机网络系统和IBMS系统。

### 1. 计算机网络系统

应急救援指挥中心是应急救援基地的核心，公安、交警、城管、应急救援等部门均在中心办公，同时应急救援指挥中心也是发生突发事件时的指挥中心，因此整个中心的计算机网络较为复杂。公安的网络系统包括互联网、图像网、公安网、政务网、反恐网、政府财务网、视频会议专线等，交警的网络系统包括互联网、图像网、公安网、政务网、视频会议专线等，网络之间相互物理隔离，以传输的可靠性、安全性、开放性、可扩展性、易维护性为原则。

灭火救援应急中心计算机网络系统分为数据网和语音网，其中数据网分为公安网、政务网、互联网和设备专网，语音网为消防队办公提供语音服务。

医疗应急救援中心计算机网络系统分为管理内网、业务外网、智能设备网3个网络子系统。

### 2. IBMS系统

IBMS智能化集成系统将建筑智能化各子系统的信息集成到一个相互关联的系统平台上，最终实现基地内整体的信息交互和信息共享，对所有智能化系统实行综合统一的管理，如图2-25所示。

通过IBMS系统，可以对基地内各智能化系统进行集中管理，全面掌握各系统的实时工作状态，同时各系统之间可以实现数据共享和联动。比如消防报警时，联动现场监控设备，查看现场状况，动力设备实现断电检测，门禁自动开启等，提升基地的管理效率。

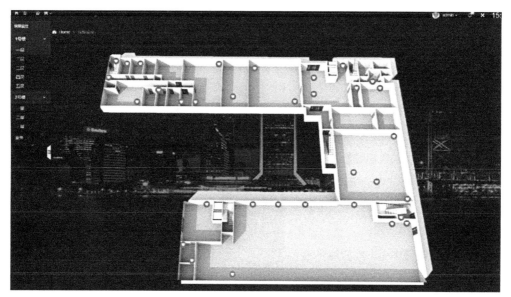

图2-25　IBMS系统

## 2.6 联动与运营机制

### 2.6.1 应急救援体系构建

应急救援基地在应对突发灾难时，要使各中心能够快速响应、全面协作，保证高效救援，有必要构建一个完善的应急救援体系和统一的应急救援指挥调度体系，形成应急协调救援联动机制，使各部门、各社会协调救援力量，在处置各类灾害和突发事件中能密切协同，形成应急救援合力。

应急救援以应急救援指挥中心、灭火救援应急中心、医疗应急救援中心为核心，根据突发事件和灾难事故性质的不同，联合区内相关部门构成反应迅速、处置专业的救援体系（图2-26）。应急救援基地三大中心可以担负起接警与指挥、消防与救援、抢救与护理的职责，在处理其他比较专业的问题，需要联合专业单位来完成。如现场环境监测、生产安全事故、人员疏散、维护现场秩序等工作。区内相关应急救援联动成员单位完成应急预案中的对应工作内容，从而构建新区安全应急、消防应急、环保应急"三位一体"的应急救援体系，全面提升新区事故应急处理能力，促进新区安全稳健发展。

应急救援联动成员单位主要包括新区应急办、安全生产监督局、消防大队、公安分局等单位和部门。为保证应急救援联动的有效性，建立快速高效的社会应急救援响应和联动机制，通过应急联动响应措施，制定相关工作制度，确保突发事件发生后能及时有效地实施救援。

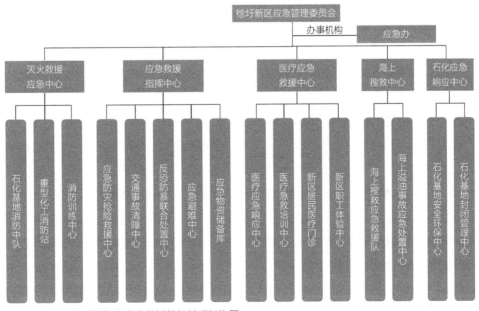

图2-26 应急救援基地3大中心救援组织关系架构图

## 1. 联动原则

坚持"统一指挥、明确分工、快速反应、协调有序、密切配合、资源共享、信息互通、高效运转"的应急联动和组织指挥原则。

## 2. 值班制度

应急值守是重大灾害应急救援工作的基本职责，各应急救援联动成员单位应把应急值守纳入单位应急管理工作范畴，落实人员、完善制度、明确责任、加强值班，确保联络畅通。

## 3. 信息共享制度

各应急救援联动成员单位应确保各种突发信息及时报告、及时传递、及时处置，严禁误报、迟报、瞒报、漏报，实现应急信息共享。同时，各种应急信息要按规定进行管理，严格执行发布规定，遵守报送、传递时间，注意安全保密，控制知情权限。

## 4. 应急救援联席会议制度

应急救援联席会议由新区应急管理委员会组织召开，每半年召开一次，要求全体应急救援联动成员单位参加。应急救援联席会议可以通过工作总结会、工作部署会、电视电话会、座谈会、研讨会或现场会等形式召开，每次会议应明确主题和具体内容。联席会议主要分析研究新区在贯彻执行应急法律法规方面存在的突出问题，协调解决应急工作中的难点问题，表彰、奖励应急救援工作先进集体和先进个人等。

## 5. 年度工作会议制度

应急管理委员会扩大会议每年至少召开一次，由应急管理委员会主任主持，参加会议人员为应急管理委员会全体成员单位及其他相关人员。会议的议题是总结全年工作，研究部署下一年度应急工作以及其他重要事项。

## 6. 应急救援联络员工作制度

应急管理委员会各成员单位各确定一名联络员，参与应急办的日常工作。联络员一般由负责安全管理和保卫工作的综合业务部门负责人担任。联络员姓名、职务、联系电话等基本情况应书面报告应急办备案。联络员应保持相对稳定，如确需变更，必须及时将变更情况书面报告应急办。联络员联络工作由应急办具体负责。联络员的主要职责是：收集本行业、本系统、本单位的应急工作情况，反馈应急工作的建议和意见等。

## 7. 应急救援工作督查制度

重要节日、重要活动、特殊季节期间，应急管理委员会可以组织成员单位，对管辖范围内各行业、各系统、各单位的应急救援工作情况进行督查。工作督查实行应急委员会带队负责制，可采取联合督查、分片包干督查和本地区、本行业、本系统应急工作督查等形式进行。每次督查结束后，应写出督查情况报告，并及时通报，提出改进和加强工作的意见。应急办要及时对督查情况进行收集，并形成总结材料上报应急管理委员会和其他相关人民政府。

## 8. 应急救援值班工作制度

各应急救援联动单位应制定日常值班制度，设置值班专用电话，安排和落实专门的值班人员。值班人员要确保24小时联络畅通。接到应急管理委员会或现场总指挥部的调集命令后，值班人员应迅速向本单位主管应急救援工作的领导汇报，并按要求调集相关人员、器材装备迅速出动，赶赴现场。本单位应急救援力量出动后，值班人员应随时保持与参战人员的前后方通信联络。应急管理委员会根据需要，应不定期对各单位值班和通信联络工作进行抽查。各联动单位值班人员、联系方式有变化时，应在第一时间内向应急管理委员会报告，并备案。

### 9. 专家组工作制度

综合应急救援专家组成员依托现有应急救援成员单位建立专家库，分专业成立应急救援专家组。专家组的工作包括：开展或参与课题研究、专项调查、事故评估等；参加应急救援联席会议，分析、研判突发灾害事故，提出应急处置决策建议；根据需要，直接参加各类突发灾害事故的应急处置，提供相关专业咨询；对应急救援各类数据库建设提供专业指导或者技术支持；参与或指导应急救援的宣传教育培训和预案演练等工作；参与相关学术交流与技术合作活动。

### 10. 责任追究制度

在灾害事故应急救援处置中，出现工作责任心不强，不按规定章程办事，不按联动要求配合协作或因失职、渎职等，而酿成应急处置不力，延误救灾时机，造成严重后果的，根据情节轻重、影响大小和上级有关规定，追究单位领导和本人的责任；对性质非常恶劣，造成重大人员伤亡和财产损失的，移交司法部门，追究法律责任。

## 2.6.2 应急救援联动体系

全面整合优化新区现有应急力量和资源，形成统一指挥、专常兼备、反应灵敏、上下联动、平战结合的应急管理体制，构建各社会力量在处置灾害和突发事件时分工明确、密切协作、互有侧重、互为支撑的应急救援指挥联动体系。

### 1. 应急救援指挥中心

通过建立协同救援机制，整合应急救援队伍和装备，明确各部门参加应急救援时的职责和任务，从而建立政府主导、统一指挥、部门联动、有序衔接的运行机制。各中心联动关系如图2-27所示。

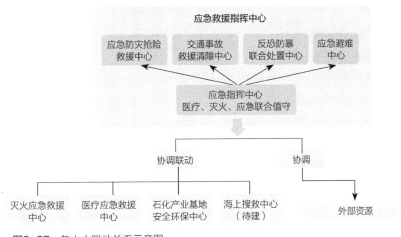

图2-27 各中心联动关系示意图

## 2. 指挥中心指令一键下达

运用信息化手段，实现指挥中心的指令一键下达到相关部门，并建立统一的信息发布机制和信息共享平台（图2-28）。

## 3. 灭火救援应急中心

根据相应的专项预案调度相应的应急资源，开展现场救援（图2-29）。

## 4. 集中管理、分工协作

在应急抢险救援过程中，各专业救援力量根据专项应急预案和现场处置方案，进行分工协作，积极有序地开展救援工作（图2-30）。

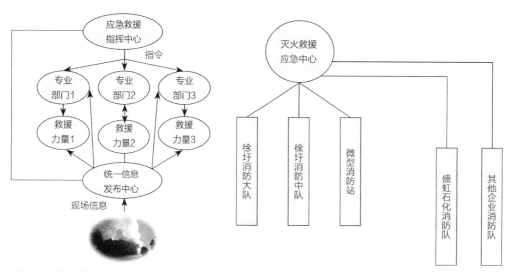

图2-28　信息指令与共享示意图　　　　图2-29　灭火救援应急中心调度示意图

图2-30　统一指挥、分工协作示意图

### 2.6.3　应急救援基地工作内容

应急救援基地是辖区内应急救援的核心力量，承担着辖区内抢险救灾的主要任务，应急救援基地为应对抢险救灾，要做好应急值守、应急响应、现场救援与处置以及应急评估等各阶段性工作。

### 1. 应急值守阶段

实行24小时值班制度。突发事件发生时，以准确快速的原则，记录接报的完整信息；通过安全管理和安全技术等手段，尽可能地防止事故的发生，实现本质安全（图2-31）。

### 2. 应急响应阶段

如图2-32所示，对即将发生或已发生的突发事件的特点和可能造成的危害，采取下列措施：

（1）启动应急预案；

（2）责令有关部门、专业机构、监测网点和负有特定职责的人员及时收集、报告有关信息，向社会公布反映突发事件信息的渠道，加强对突发事件发生、发展情况的监测、预报和预警工作；

（3）组织有关部门和机构、专业技术人员、有关专家学者，随时对突发事件信息进行分析评估，预测发生突发事件可能性的大小、影响范围和强度以及可能发生的突发事件的级别；

（4）定时向社会发布与公众有关的突发事件预测信息和分析评估结果，并对相关信息的报道工作进行管理；

（5）及时按照有关规定向社会发布可能受到突发事件危害的警告，宣传避免、减轻危害的常识，公布咨询电话；

（6）责令应急救援队伍、负有特定职责的人员进入待命状态，并动员后备人员做好参加应急救援和处置工作的准备；

（7）调集应急救援所需物资、设备、工具，准备应急设施和避难场所，并确保其处于良好状态、随时可以投入正常使用；

（8）加强对重点单位、重要部位和重要基础设施的安全保卫，维护社会治安秩序；

（9）采取必要措施，确保交通、通信、给水、排水、供电、供气、供热等公共设施的安全和正常运行；

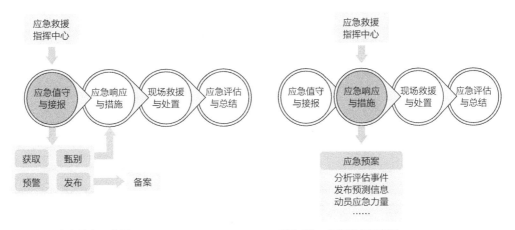

图2-31 应急值守示意图　　　　　　　　　　图2-32 应急响应示意图

（10）及时向社会发布有关采取特定措施避免或者减轻危害的建议、劝告；

（11）转移、疏散或者撤离易受突发事件危害的人员并予以妥善安置，转移重要财产；

（12）关闭或者限制使用易受突发事件危害的场所，控制或者限制容易导致危害扩大的公共场所的活动。

### 3. 现场救援与处置阶段

（1）组织营救和救治受害人员，疏散、撤离并妥善安置受到威胁的人员以及采取其他救助措施；

（2）迅速控制危险源，标明危险区域，封锁危险场所，划定警戒区，实行交通管制以及其他控制措施；

（3）立即抢修被损坏的交通、通信、给水、排水、供电、供气、供热等公共设施，向受到危害的人员提供避难场所和生活必需品，实施医疗救护和卫生防疫以及其他保障措施（图2-33）；

（4）禁止或者限制使用有关设备、设施，关闭或者限制使用有关场所，中止人员密集的活动或者可能导致危害扩大的生产经营活动以及采取其他保护措施；

（5）启用本级人民政府设置的财政预备费和储备的应急救援物资，必要时调用其他急需物资、设备、设施、工具；

（6）组织公民参加应急救援和处置工作，要求具有特定专长的人员提供服务；

（7）保障食品、饮用水、燃料等基本生活必需品的供应；

（8）依法从严惩处哄抢财物、干扰破坏应急处置工作等扰乱社会秩序的行为，维护社会治安；

（9）采取防止发生次生、衍生事件的必要措施。

### 4. 应急评估阶段

应急评估与总结阶段需及时查明突发事件的发生经过和原因，总结突发事件应急处置工作的经验教训，制定改进措施，并向上一级人民政府提交报告（图2-34）。

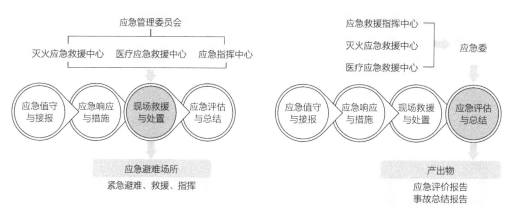

图2-33　现场救援与处置示意图　　　　图2-34　应急评估示意图

### 2.6.4 应急救援有偿服务

徐圩新区围绕应急救援指挥中心、灭火救援应急中心、医疗应急救援中心、应急避难场所等组成新区应急救援基地，通过形成企办政助、多元投入、专业高效的运营模式进行运行管理。基地的运行费用由应急服务费、事故抢险救援费、培训教育费、社会赞助以及政府财政支持等方面保障。

为实现政府的应急救援社会责任，保障新区企业安全稳定发展，应急救援基地运行费用可向政府申请财政拨款，可接收社会赞助，同时也向享受应急救援服务的区内企业收取适当费用，保证应急救援基地正常运营，并能够开展有效的应急救援服务。

应急救援基地收取的政府财政拨款和向企业收取的费用，主要用于救援队伍日常培养训练、救援装备购置、事故抢险救援、信息化科研、成果推广等相关开支。

#### 1. 应急救援常规性有偿服务

应急救援基地与辖区内相关企业签订应急救援协议，提供应急救援有偿服务，通过收取年度应急服务费用的方式为新区企业提供预防性检查、培训、演练及应急救援等专业服务。根据新区企业在占地规模、投资额度、风险等级、"两重点、一重大"、安全信誉等方面占比情况，确定危险化学品应急救援有偿服务费用额度，并与相关企业商定后签订书面协议。常规应急服务内容如图2-35所示。

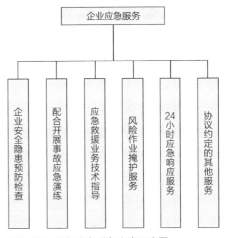

图2-35 常规应急服务内容示意图

#### 2. 应急救援突发性有偿服务

应急救援基地根据企业的专项应急预案和现场情况，调动应急救援队伍、应急救援设备和物资，协助企业应急处置并开展救援工作。对于突发事故所进行的抢险救援费包括：应急救援队参与抢险救援而产生的应急物资损耗、装备折旧、人工成本等费用。取费标准按照应急救援基地相关突发事故抢险救援装备费单价清单、抢险救援人员和器材及物资费单价清单执行，并结合应急处置的实际情况与事故发生企业据实协商结算。

### 2.6.5 应急救援资源整合

#### 1. 应急救援队伍资源整合

针对新区内建设有独立应急救援队伍的企业，按照统一管理、统一训练、统一考核、统一调度、统一指挥的"五统一"要求，将已有的应急救援队进行整合，由新区应急救援基地组织开展理论培训、技能训练、考核评估等工作。其人员招聘、培训等均由应急救援基地统筹安排，企业提供相应的管理费用，共享训练设施、培训教材、培训师资以及应急装备物资等，并派遣应急力量到企业进行应急救援服务，免收服务费，使不同专业、不同领域的救援队伍在协同作战中优势互补，实现战斗力的最大化。

## 2. 应急救援物资资源整合

应急救援物资由应急救援基地统一管理，配备大流量泡沫抢险救援车、举高喷射消防车、涡喷消防车等应急救援装备，为新区及石化园区内企业提供危险化学品事故应急救援、培训演练、应急物资储备管理、应急救援装备及演练设备维护保养、应急基地物业管理等有偿服务，避免企业在应急救援力量建设方面重复投入，减轻企业负担，实现应急救援资源的优化配置。

### 2.6.6 应急救援工作的思考

#### 1. 应急救援社会化服务挑战

应急救援社会化服务虽然是趋势所在，但目前应用较少，在实际运作过程中可能会遇到一些困难和挑战。

思想认识存在差距。应急救援社会化服务作为新生事物，提出和发展的时间较短，理论体系、运行机制尚不成熟，许多理念设想须通过不断摸索实践才能实现。一些职能部门和企业对应急救援社会化服务工作仅停留在概念层面，缺乏清晰和深刻的认识。部分单位、企业虽然表面认同和支持推行应急救援社会化服务，但仍存在一定的顾虑和担忧，参与度和积极性不够高。

配套制度亟需完善。目前，国家和地方都尚未出台社会力量参与应急救援服务的相关法律法规，许多需要法律支持的问题缺乏依据。相关规范性文件及配套制度缺位，实现规范化、制度化管理存在一定难度。个别单位、企业甚至以没有法律依据为由，抵制或消极对待应急救援社会化服务工作。

市场体系有待健全。长期以来，突发事件应急救援处置等公共服务由政府包揽，社会专业机构参与较少，具备专业应急救援资质的企业、队伍数量不多，可供选择的应急救援服务项目有限，市场发育不完善，没有形成健全的市场监管体系。应急产业发展较慢，与应急救援的实际需求存在差距，许多专业应急设施设备依赖进口。

#### 2. 思路与对策

虽然应急救援社会化服务在运作过程中会遇到一些挑战，但通过以下思路将会使这种新服务逐步得到认同并稳定发展。

积极完善救援服务配套政策。加紧制定完善应急救援社会化服务工作的一系列配套政策制度，在企业筛选、审核、服务项目管理、资金结算保障、服务考核评估、监督检查等方面进行更加明确的规范，确保应急救援社会化服务有章可循。同时，加强应急救援社会化服务监督管理，确保各个环节、各项工作严格按照相关规定和服务协议执行，保障服务质量。

着力规范应急救援服务市场。扩大企业筛选的地域范围，允许市域内其他区县等邻近地区企业参与服务竞争。及时向社会公布政府所需服务项目，通过公开招标、定向委托等形式，选择符合条件的企业，努力营造开放透明、公平竞争的市场环境。探索建立科学的评估机制，引入第三方评估或服务购买单位满意度评估，将评估结果与奖惩挂钩，促进优胜劣汰。

大力发展应急救援服务产业。根据立足新区综合救援与危险化学品应急救援为主业，延伸出相关产业的经营思路，应急救援基地的主要经营业务板块定位在有偿应急救援服务、带压堵漏、危险作业监护、消防及救援设施设备检查及保养等，以及配套的培训中心运营、物资储备及经营，以及应急基地食堂、客房、会议室、办公室对外经营等。

## 2.7 低碳绿色技术应用

在应急救援基地工程设计中，采用了多项低碳绿色技术，为建筑通风空调系统提供了清洁能源，解决了建筑外雨水利用与室外排水问题。

### 2.7.1 海绵城市技术应用

#### 1. 建设目的

应急救援基地项目建筑密度较低且绿地率较高，室外场地和绿地面积大，利用项目所具有的建设条件，应用海绵城市技术对雨水进行吸纳、蓄渗和缓释来打造良性生态系统，提高雨水利用水平和防涝水平，使雨水收集与利用最大化、排放最小化，降低对市政管网系统的压力，提升应急救援基地的整体建设品质。

#### 2. 建设思路

在应急救援基地范围内，应急救援指挥中心和灭火救援应急中心为相邻地块，两个中心的雨水回用调蓄池和雨水排放系统统筹考虑。海绵城市建设包括建筑屋顶和道路路面雨水收集、储存，绿化用地和操场训练用地范围的雨水吸纳、蓄渗和缓释，让雨水资源能够得到有效利用，采用源头控制方式，分散布置海绵设施，在建筑物、道路周围的绿化带内设置生物滞留设施，采用雨落管断接、微地形调整、路牙开口等方式，对地面径流进行滞、蓄、净、排。具体措施如下：①在操场周边的绿化带设置生物滞留设施，利用操场的排水沟，优先将初期雨水引入生物滞留设施内；当超过其调蓄容积时，溢流至市政雨水管网外排；将场地内停车场改为透水铺装，在透水砖下铺设盲管与碎石，渗排一体化，达到滞、净、排的效果。②利用现有的雨水回用水池，将部分因客观条件不适宜设置海绵设施的区域进行径流收集，经过初期弃流、净化后进行回用，在控制径流的同时也有效地利用雨水资源。③选取雨水花园、下凹式绿地、蓄水模块作为场地主要的海绵措施，透水铺装作为辅助手段，提高道路与铺装的渗透性能。④结合区域地下水位较高、土壤渗透性能较差、土壤含盐分较高等特点，在选择生物滞留设施时采用防渗措施，防止地下水污染和地下盐分返入土壤影响植物生长。

#### 3. 建设内容

（1）雨水径流组织排放

降雨通过地面透水铺装渗入地下，然后通过地表径流组织，引导排至绿地海绵设施中处理，超出海绵设施设计处理能力时，通过溢流口，排入雨水管网（图2-36、图2-37）。

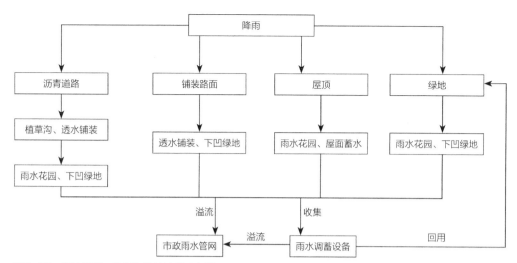

图2-36　径流组织、处理与排放流程示意图

图2-37　雨水花园溢流口

　　屋面雨水通过管网断接改造，由生态型传输排水系统接纳至生物滞留设施中进行调控处理，然后排入雨水管网。在雨水管网接入市政雨水系统的终端出口处，将雨水管网改造，接入新建雨水调蓄设施，处理净化后作为回用水用以绿地灌溉和道路冲洗。

　　应急救援基地在建设中通过应用海绵城市建设技术，雨水的利用率和排放控制水平都提到了很大提高。在应急救援指挥中心和灭火救援应急中心地块，设计年径流总量控制率达到85%，控制降雨量达到45.8mm，水质控制目标达到年SS总量削减率不低于50%。在医疗应急救援中心地块，设计年径流总量控制率达到80%，控制降雨量达到37.1mm，水质控制目标达到年SS总量削减率不低于60%。

（2）雨水收集系统

应急救援基地共建有2座雨水回用收集系统，其中，应急救援指挥中心、灭火救援应急中心合建1座，雨水收集池容积约为361.25m³，清水池59.5m³；医疗应急救援中心建设1座，雨水收集池容积约为210m³，清水池20m³。

雨水收集及处理工艺流程如图2-38所示。

（3）雨水储存系统

雨水储存系统采用PP模块组合水池，该系统具有环保、经济、施工安装简单的特点，PP模块水池通过组合安装而成，水池外侧包裹防水包裹物，使得整个水池呈封闭环境，内部可容纳雨水。防水包裹物为两布一膜结构，即中间一层为HDPE膜，外部为土工布，如图2-39所示。

**4．实现目标**

应急救援基地在海绵城市建设项目中，在工程设计上将实现如下目标：应急救援指挥中心、灭火救援应急中心，年径流总量控制率85%，对应控制降雨量为45.8mm，水质控制目标为年SS总量削减率不低于50%；医疗应急救援中心，年径流总量控制率80%，对应控

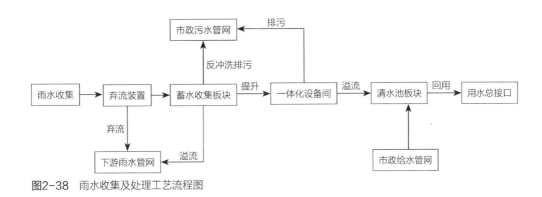

图2-38　雨水收集及处理工艺流程图

图2-39　雨水储存系统PP模块组合

制降雨量为37.1mm。水质控制目标为年SS总量削减率不低于60%。

### 2.7.2 绿色能源技术应用

#### 1. 建设目的

利用应急救援基地附近的河水，采用水源热泵技术将河水作为冷热能供应源，为应急救援基地的建筑供冷和供暖，同时兼顾周边商务办公楼和住宅区，为基地省省建筑空调运行费用，为区域内节能减排做出贡献。

#### 2. 建设思路

应急救援基地以南不足1km处的张圩港河是一条比较大的河流，河水所储存的热能完全能够满足基地建筑空调所需的冷热量，利用这个有利的自然条件，采用水源热泵技术，将河水作为冷热能供应源，在冬、夏季为应急救援基地建筑群提供暖与供冷。

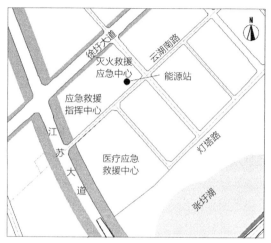

图2-40　区域能源站位置图

在灭火救援应急中心3号楼建筑裙房内设置区域能源站，作为应急救援基地的能源中心（图2-40），将河水中的低位热能转变为高位热能，输送给应急救援基地建筑群，为建筑提供冷和供暖，远期还可以为周边商务办公建筑和住宅区提供该项供给。

#### 3. 建设内容

应急救援基地区域能源站项目建设包括区域能源站机房及变电所、河水取退水系统和供能管网三部分，项目总负荷面积50万m²，热负荷为23253kW，冷负荷为25143kW，估算需求河水水量为6900m³/h，初步设计配套水源热泵机组8台，总投资约1.05亿元。

（1）热源方案

区域能源站从张圩港河取水方案中，结合徐圩新区总体规划和徐圩片区防洪除涝规划，在江苏大道以东、灯塔路以南结合现状张圩港河开挖约38.7万m²、湖底水深不小于6.0m的湖体，即为张圩湖，作为区域能源站取水的主要水体。张圩湖湖水设计深度出于以下考虑，即冬季取水时获得稳定的水温考虑。

区域能源站日均产生循环水约17万m³，占扩挖后张圩湖总库容量不足3%，随着热能在水中的扩散及向空气中的流失，对整个水体的温度改变很小，对河湖水体的生态环境影响极小。

区域能源站取水口处修建河水提升泵站，安装取水潜水泵，提升泵坑连接取水管道，用于引入河水。经过潜水泵将河水加压送至区域能源站机房内的专用板式换热器进行热交换。

区域能源站系统基本原理如图2-41所示。

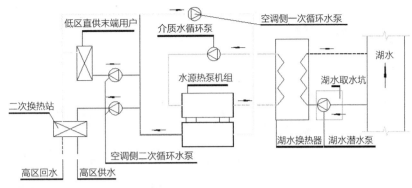

图2-41 区域能源站系统原理图

（2）室外管网

室外管网共包括2部分内容：一部分为河水与区域能源站之间的取退水管线；另一部分为区域能源站与各用能建筑之间的供回水管线。

室外管网管材选用原则是在满足工程要求的情况下，选用费用相对较低、水力条件好、水头损失小、施工方便、维护管理工作量小的管材。现状张圩港河水质氯离子含量（$1.10 \times 10^4$ mg/L）接近于海水，工程采用设备及管道均需考虑半海水防腐设计。

区域能源站取水管采用k9级球墨铸铁管；球墨铸铁管采用T形承插连接，内衬高铝水泥，管道承插位置做重点防腐处理（在承插口位置加环氧涂料防腐），胶圈使用三元乙丙胶圈。区域能源站退水管均采用II级承插式钢筋混凝土管。

区域能源站共设置5路独立空调供水管线，每路独立设置二级泵；管道采用硬聚氨酯泡沫塑料预制保温管直埋敷设，预制保温管由工作管（热力管网采用焊接钢管）、聚氨酯保温层和高密度聚乙烯外壳构成。

（3）机组选型

区域能源站项目机房建设分期实施，计划按两期实施。一期考虑初期有小负荷，空调机组用2台螺杆式水源热泵机组和2台离心式水源热泵机组；螺杆机组单机制热量为1200kW，制冷量为1320kW；离心机组单机制热量为3000kW，制冷量为2700kW；一期总制热量为8400kW，总制冷量为8040kW。二期设计4台与一期离心机组相同的机组，总制热量为12000kW，总制冷能力为10800kW。

（4）取水泵房、能源站机房及供能管网系统设计

考虑张圩港湖水藻类、鱼虾较多，湖水不宜直接进入水源热泵机组，所以设置中介水和板式换热器与湖水进行冷热量交换，湖水系统为变频和定频泵相结合；为防止冬季中介水在热泵机组内冻结，采用20%的乙二醇溶液，夏季采用软化水。中介水采用闭式一级泵变流量系统；在室外设置两个乙二醇储罐以便季节转换和检修时保存乙二醇溶液，在机房设置乙二醇和软水箱，如图2-42所示，并设置乙二醇回收泵和供应泵；中介水系统采用落地式膨胀水箱定压补水。

图2-42 取水泵房乙二醇水箱

　　空调水系统采用闭式二级泵系统，一级泵采用定流量，二级用户负荷泵采用变频泵；两台螺杆机供回水合用两路管道，设置冬夏转换阀；并分别在其机组出水管上设电动开关阀，与机组联动。

　　（5）用能侧空调系统设计

　　用能侧空调系统采用二管制风机盘管加新风的水—空气系统，气流组织为上送上回或侧送上回，新风采用全热交换器。空调水系统采用二管制闭式机械循环系统，系统立管异程式布置，各层水平支路同程式布置。风机盘管机组采用电动二通阀进行水量调节。

连云港徐圩新区用地范围内地质条件较差，地表以下淤泥质土层平均厚度为14m，长期存在的地面沉降成为地下直埋市政管线折损的主要原因，此外，地区内高盐度地下水的腐蚀也使市政管线使用寿命缩短。徐圩新区的主要产业为石化产业，该产业一方面对市政管线运营安全要求高，同时可能发生的灾难事故也对市政管线安全带来极大威胁。

把市政管线敷设在地下综合管廊工程内，则很好地规避了以上问题，同时还给市政管线的日常维护带来了极大便利。

徐圩新区已经建成并竣工验收的管廊长度达15.3km，现已完成给水、原水和污水3种市政管线入廊工程。本章主要介绍给水、原水和污水3种市政管线入廊的设计内容与建设经验，以及在管线入廊建设工程中进行的一些创新实践。

## 3.1  地下综合管廊工程概况

据中国市政工程协会综合管廊建设及地下空间利用专业委员会统计报告，截至2018年，国家、省级试点城市在建地下综合管廊总里程为7800km，已经建成总里程为4000km。已验收长度超1000km，完成市政管线入廊工程并投入运营的管廊约为600km。

徐圩新区是国务院批复设立的国家东中西区域合作示范区的先导区和国家规划布局的七大石化产业基地之一，具有十分重要的战略区位和发展临港产业的独特优势条件。

2016年8月，徐圩新区着眼长远发展和国防战略需要，启动地下综合管廊建设，并成为江苏省首批试点地区，计划用20年左右在153km²的淤积盐滩上高标准规划建设约52km的地下综合管廊，将各产业板块和重大公用工程以及重点配套服务设施进行连接，构筑经得起历史检验的地下长城。

"备豫不虞，为国常道。"徐圩新区地下综合管廊配套建有应急疏散通道和功能齐全的灾备中心，能够防御未来可能发生的各种安全风险，保障国家战略的顺利推进，彰显新区生长的强大力量。

徐圩新区地下综合管廊一期工程分布在江苏大道、西安路、环保二路、方洋路四条道路下方，具体情况如图3-1所示。

徐圩新区地下综合管廊一期工程设计中，市政管线舱室包括电力通信舱、热力舱、给水舱、污水舱和燃气舱，管廊横断面分为2舱、3舱和4舱3种，断面宽度从6.55~15.35m共有9种尺寸。入廊的市政管线共有8种，包括：高压电力、中压电力、通信、给水、污水、原水、燃气、供热管线。

各段地下综合管廊规划的市政管线不同，其断面尺寸和舱数也各不相同，具体情况如下：①江苏大道（应急救援中心~徐圩污水处理厂北侧）地下综合管廊，长8.4km，断面为3舱、4舱，断面宽度为10.4~15.35m。②西安路（环保二路~方洋路），地下综合管廊，长3.0km，断面为2舱，断面宽度为6.55~7.45m。③环保二路（创业大道~江苏大道），地下综合管廊，长3.0km，断面为2舱，断面宽度为6.95m。④方洋路（乌鲁木齐路~江苏大道），地下综合管廊，长2.6km，断面为3舱，断面宽度为13.8~14.9m。

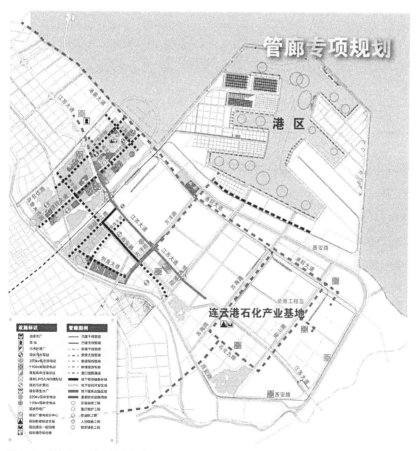

图3-1 徐圩新区地下综合管廊规划图

徐圩新区地下综合管廊在一次性建成的长度、断面设计舱数和规划入廊管线种类数量方面，居于全国同类工程前列。对2017年国内180项地下综合管廊工程建设资料统计分析的结果显示，国内当时在建地下综合管廊工程长度多数在10km以下，占总数的64%，管廊舱数多数为1~2舱，约占总数的60%。

徐圩新区市政管线入廊工程标志着徐圩新区地下综合管廊开始了实质性的应用阶段，使徐圩新区从此开启了先进的市政管线管理模式，成为产业园区利用地下空间的典范。

对于徐圩新区这样的临港产业区，市政管线在地下综合管廊中敷设，对市政管线建设具有多重优点，对产业区发展带来多重积极作用：

### 1. 节省土地资源

市政管线采用入廊敷设方式，比传统的空中架设电力通信线和市政管道入地直埋方式来讲，综合效果好。市政管线集约布置在管廊内，实现了"立体式布置"，管线布置紧凑合理，占用地下空间更小。以高压电力线入廊为例，架空220kV高压线走廊宽度为30～40m，每千米占地至少3万m$^2$。当200kV高压线在地下综合管廊敷设后，每千米可释放3万m$^2$以上的土地。

### 2. 延长管线寿命

在徐圩新区这样的临港产业区内，市政管线敷设在地下综合管廊内，管线不接触土壤和地下水，管线受腐蚀情况大幅减轻，也不会因地面不均匀沉降而导致管线损坏，实现市政管线使用寿命的延长。

### 3. 保障管线安全

地下市政管线入廊避免了道路重压或塌陷给管线带来的外力损伤，还能够避免因开挖施工对已有管线的损坏，使市政管线运营安全得到极大保障。

### 4. 避免影响环境

市政管线铺设、管线维修和新接管线无需进行道路开挖，避免了直埋管线对道路交通和市容环境的影响，市政管线交叉节点处的施工矛盾更易协调，工程建设效率更高，产业区综合承载能力更强。

### 5. 提高抗灾能力

徐圩新区是一个以石化产业为主的临港产业区，工程建设应考虑区内自然灾害和事故灾难的影响。地下综合管廊敷设管线，可以有效抵御自然灾害和事故灾难对市政管线的冲击，保障市政管线在灾害发生时仍然能够正常运行，提升管线综合抗灾能力。

### 6. 提升管理水平

对于新增管线敷设和日常维修既方便，又高效，显著降低市政管线运营维护成本，使市政管线的管理水平有了质的提升。

## 3.2　管线入廊布置

### 3.2.1　管线入廊规划安排

在徐圩新区地下综合管廊一期工程设计中，依据徐圩新区市政工程规划，结合地下综合管廊沿线市政设施现状，对管廊各舱室的市政管线做出相应的规划安排，见表3-1。

规划入廊管线汇总表　　　　　　　　　　　　　表3-1

| | 起止桩点 | 长度 | 给水管线 | 污水管线 | 原水管线 | 电力电缆 | 通信管线 | 热力管线 | 燃气管线 |
|---|---|---|---|---|---|---|---|---|---|
| 江苏大道 | A0~A0+800 | 800m | DN800 | DN800 | DN400 | 220kV（4回）110kV（6回）10kV（12回） | 12回 | DN600×2 | DN350 |
| | A0+800~A1+640 | 840m | DN800 | DN800（廊外） | DN400 | 220kV（4回）110kV（6回）10kV（12回） | 12回 | DN600×2 | 无 |
| | A1+640~A5+880 | 4240m | DN800 | DN800（DN600） | DN400 | 220kV（4回）110kV（6回）10kV（12回） | 12回 | DN600×2 | DN350 |
| | A5+880~A8+420 | 2540m | DN800 | DN800（DN600） | DN400 | 220kV（4回）110kV（6回）10kV（12回） | 12回 | 无 | DN350 |
| 西安路 | B0+60~B2+320 | 2260m | DN600 | DN500 | DN300 | 110kV（4回）10kV（12回） | 12回 | 无 | 无 |
| | B2+320~B3+060 | 740m | DN600 | 无 | DN300 | 110kV（4回）10kV（12回） | 12回 | 无 | 无 |
| 环保二路 | C0~C1+310 | 1310m | DN500 | 无 | DN300 | 10kV（12回） | 12回 | DN500×2 | 无 |
| 方洋路 | D0~D1+370 | 1370m | DN1000 | 无 | DN1200 | 110kV（4回）10kV（12回） | 12回 | 无 | 无 |
| | D1+370~D2+600 | 1230m | DN1000 | 无 | DN1200 | 110kV（8回）10kV（12回） | 12回 | 无 | 无 |

在地下综合管廊主体设计过程中，考虑到管廊内管线之间相互影响会带来的安全使用问题，对管线布置做出相应安排，并通过采取适当的防护措施来实现，重点关注电力电缆、热力管线和燃气管线。各管线相互影响见表3-2。

地下综合管廊收容管线相互影响关系表　　　　　　　　　　　　表3-2

| 管线种类 | 给水管 | 污水管 | 原水管 | 燃气管 | 电力管 | 通信管 | 热力管 |
|---|---|---|---|---|---|---|---|
| 给水管 | | O | O | √ | O | × | × |
| 污水管 | O | | × | √ | O | × | × |
| 原水管 | O | × | | √ | × | × | × |
| 燃气管 | √ | √ | √ | | √ | √ | √ |
| 电力管 | O | O | × | √ | | × | √ |
| 通信管 | × | × | × | √ | × | | × |
| 热力管 | × | × | × | √ | √ | × | |

注：√表示有影响，O 表示其影响视情况而定，× 表示毫无影响。

电力电缆由于其输送的电压等级不同，而对周围环境的影响程度也有较大差异，特别是220kV及以上超高压电缆。在电缆空间布置方式上充分考虑了安全性，同时考虑电缆敷设施工的需要，留有足够的空间以保证各项需求。电力电缆与电信缆线之间考虑了适当的间隔，以避免电力电缆对电信缆线带来的电磁干扰。

热力管线会使地下综合管廊内的温度升高从而引发安全问题，在管线布置上，将热力管线与对热敏感的其他管线之间保持适当间距。

燃气管线属安全标准要求较高的市政管线，按照国家的燃气工程规范规定，燃气管线应在独立舱室内敷设，避免与其他管线之间的相互影响。

### 3.2.2　管线入廊布设实施

由于近几年徐圩新区引进投资项目非常多，新入驻的企业对于市政管线的需求内容发生了较大改变，因此此在管线入廊工程进行施工设计时，对某些市政管线进行了增减或管径调整。

#### 1. 给水管道

徐圩新区地下综合管廊入廊给水管道规划总长度15330m，其中江苏大道段长度8420m，管型选择为$D820×10$和$D529×8$；西安路段长度3000m，管径$D630×8$；环保二路段长度1310m，管径$D529×8$；方洋路段长度2600m，管型选择为$D1020×10$。管材均为焊接钢管。入廊给水管道规格如表3-3所示。

入廊给水管道规格　　　　　　　　　　　　表3-3

| 建设道路 | 江苏大道 | | | | 西安路 | 环保二路 | 方洋路 | |
|---|---|---|---|---|---|---|---|---|
| | 应急指挥中心～张圩港河北岸 | 张圩港河北岸～张圩港立交 | 张圩港立交～环保九路 | 环保九路～污水处理厂 | | | 创业大道～西安路 | 西安路～江苏大道 |
| 给水管道 | DN500 | DN500 | DN800 | DN800 | DN600 | DN500 | DN1800+DN1800 | DN1000+DN1600 |

## 2．污水管道

入廊污水管道布置在江苏大道全段和西安路北段，江苏大道段污水管道长度8420m，其中入廊污水管道7580m，在管廊外部（跨张圩港河）段840m；西安路段污水管道长度2260m。

江苏大道污水管道输水方式采用压力流与重力流相结合的方式，压力流段可以减少水流对纵向坡度的要求，以减缓管廊纵向高差的不足。压力流段管径为DN600，重力流段管径为DN800，西安路污水管道为重力流，管径为DN400。管材均为Q235A球墨铸铁管。入廊污水管道规格如表3-4所示。

入廊污水管道规格　　　　　　　　　　　　　　　　　　表3-4

| 建设道路 | 江苏大道 | | | | 西安路 | 环保二路 | 方洋路 | |
| --- | --- | --- | --- | --- | --- | --- | --- | --- |
| | 应急指挥中心～张圩港河北岸 | 张圩港河北岸～张圩港立交 | 张圩港立交～环保九路 | 环保九路～污水处理厂 | | | 创业大道～西安路 | 西安路～江苏大道 |
| 污水管道 | DN800 | 无 | DN800（DN600） | DN800（DN600） | DN400 | 无 | 无 | 无 |

## 3．原水管线

原水是指来源于河水、湖水、地下水、水库水等自然界中的天然水源，它们未经过任何人工净化处理。此类水主要用于工业生产和市政、环境等范围内杂用的非饮用水，原水管同给水管一样，纳入地下综合管廊有利于维护和安全运行。由于对该水源的水质要求标准较低，所以对管道和防腐的要求相对较低。入廊原水管线规格如表3-5所示。

入廊原水管线规格　　　　　　　　　　　　　　　　　　表3-5

| 建设道路 | 江苏大道 | | | | 西安路 | 环保二路 | 方洋路 | |
| --- | --- | --- | --- | --- | --- | --- | --- | --- |
| | 应急指挥中心～张圩港河北岸 | 张圩港河北岸～张圩港立交 | 张圩港立交～环保九路 | 环保九路～污水处理厂 | | | 创业大道～西安路 | 西安路～江苏大道 |
| 原水管线 | 无 | 无 | 无 | DN1400 | 无 | 无 | DN1400 | DN1400 |

## 4．燃气管线

由于燃气安全标准要求高，故燃气管线进入地下综合管廊时应采取多种措施，确保管线的安全可靠运营。按照规范规定：除设独立舱室外，管道舱室地面应采用撞击时不产生火花的材料；调压装置不应设置在地下综合管廊内；管道分段阀宜设置在地下综合管廊外部，当分段阀设置在地下综合管廊内部时，应具有远程关闭功能；管道舱内的检修插座应满足防爆要求，且应在检修环境安全的状态下送电等。管道舱应设置可燃气体探测报警系统。入廊燃气管线规格如表3-6所示。

入廊燃气管线规格　　　　　　　　　　　　　　表3-6

| 建设道路 | 江苏大道 | | | | 西安路 | 环保二路 | 方洋路 | |
| | 应急指挥中心～张圩港河北岸 | 张圩港河北岸～张圩港立交 | 张圩港立交～环保九路 | 环保九路～污水处理厂 | | | 创业大道～西安路 | 西安路～江苏大道 |
| --- | --- | --- | --- | --- | --- | --- | --- | --- |
| 燃气管线 | DN350 | 无 | DN350 | DN350 | 无 | 无 | 无 | 无 |

### 5. 电力管线

随着经济水平的提高以及从维护角度考虑，越来越多的电力电缆纳入地下综合管廊。其中110kV和220kV高压电缆进入管廊时，需重点考虑通风降温和防火防灾等方面的要求。在进行断面设置时，将高压电缆（110kV，220kV）单独安置于同一舱室，将中压电缆（10kV）及以下电压电缆与通信、给水管道安置于同一舱室，保证高压电缆的安全运行和维护管理，中压电缆与其他管线同舱不会对其他管线产生影响，在满足安全操作空间的情况下，各种管线可以独立正常运行。入廊电力管线规格及回路数量如表3-7所示。

入廊电力管线规格及回路数量　　　　　　　　表3-7

| 建设道路 | 江苏大道 | | | | 西安路 | 环保二路 | 方洋路 | |
| | 应急指挥中心～张圩港河北岸 | 张圩港河北岸～张圩港立交 | 张圩港立交～环保九路 | 环保九路～污水处理厂 | | | 创业大道～西安路 | 西安路～江苏大道 |
| --- | --- | --- | --- | --- | --- | --- | --- | --- |
| 10kV | 12回 | 12回 | 12回 | 12回 | 12回 | 12回 | 12回 | 12回 |
| 110kV | 6回 | 6回 | 6回 | 6回 | 4回 | 无 | 6回 | 6回 |
| 220kV | 4回 | 4回 | 4回 | 4回 | 无 | 无 | 无 | 无 |

### 6. 通信管线

目前国内通信管线敷设方式主要采用架空或直埋两种。架空敷设方式造价较低，但影响城市景观，而且安全性能较差，正逐步被埋地敷设方式所替代。

通信管线纳入地下综合管廊需要解决信号干扰、防火防灾等技术问题。通信光缆直径小、容量大，随着通信光纤技术的发展，进入地下综合管廊已不存在任何技术问题。

### 7. 热力管线

供热管道维修比较频繁，因而国外大多数情况下将供热管道集中放置在地下综合管廊内。供热及供冷管道进入地下综合管廊并没有技术问题，值得考虑的是这类管道的外包尺寸较大，进入地下综合管廊时要占用相当大的有效空间，对地下综合管廊工程的造价影响明显。入廊热力管线规格如表3-8所示。

入廊热力管线规格 表3-8

| 建设道路 | 江苏大道 | | | | 西安路 | 环保二路 | 方洋路 | |
| | 应急指挥中心～张圩港河北岸 | 张圩港河北岸～张圩港立交 | 张圩港立交～环保九路 | 环保九路～污水处理厂 | | | 创业大道～西安路 | 西安路～江苏大道 |
|---|---|---|---|---|---|---|---|---|
| 热力管线 | DN600 | DN600 | DN600 | 无 | 无 | DN500 | 无 | 无 |

## 3.3 管线入廊节点

在地下综合管廊工程中有多种重要节点，如管廊交叉口、管廊端口、人员疏散出口、远期预留管廊接口、吊装口和管线分支口，其中吊装口和管线分支口是与市政管线入廊密切相关的节点。

### 3.3.1 吊装口

管廊吊装口是专门用于管线敷设施工时所需物料的出入口，通过该吊装口可以很方便地将入廊管线和管线安装设备由地下综合管廊外部运入管廊内部。管廊吊装口主要用于管线首次安装吊装，管线敷设完成投入运营后，则很少再作为吊装出入口使用。

按照《城市综合管廊工程技术规范》GB 50838—2015的规定："综合管廊吊装口的最大间距不宜超过400m"。在徐圩新区地下综合管廊工程中，综合考虑敷设管线的内容，以及管廊所处场地环境的实际情况，设计安排每隔200~400m布置一个吊装口。各段管廊吊装口数量如表3-9所示。

各段管廊吊装口数量 表3-9

| | 江苏大道 | 西安路 | 环保二路 | 方洋路 | 合计 |
|---|---|---|---|---|---|
| 管廊长度（km） | 8.4 | 3.0 | 1.3 | 2.6 | 15.3 |
| 吊装口数量（个） | 35 | 13 | 5 | 11 | 64 |

徐圩新区地下综合管廊工程设计为了降低吊装口造价，且不影响地上绿化景观，吊装口设计为埋地式，覆土厚度为0.4~0.8m；每隔800m布置一个外露式吊装口，以保证在地下综合管廊运营期间管线局部维修吊装投料和设备投入时使用。吊装口的埋深与地下综合管廊

标准断面基坑开挖深度相同，为6~7m。

考虑到徐圩新区地下综合管廊兼具人员逃生通道的功能，在工程设计中，将吊装口与人员逃生口相结合，吊装口的吊装尺寸主要根据吊装的管线规格确定，一般给水管的吊装长度取≥6m，电力及通信管线的吊装长度取2~4m，燃气管线的吊装长度取≥6m，综合管廊内设备吊装的需求尺寸一般为≥4.0m×1.5m（长×宽）。吊装口建成实景照片如图3-2~图3-4所示。

吊装口共有三种尺寸，分别为：1m×7m、1.5m×7m、1m×12m。当吊装口增加人员逃生口的功能时，应加装爬梯等必要设施，上覆专用防盗井盖，其功能应满足人员在内部使用时便于人力开启，在外部使用时非专业人员难以开启。

图3-2　管线通过吊装口入舱

由于吊装口多是在管廊廊体上方伸出地面，对道路沿线的景观带来一些负面影响，因此在设计吊装口方案中，以埋地式吊装口为主，每隔800m布置一个外露式吊装口（图3-5）。

在设计上，为不影响道路景观效果，将外露式吊装口与绿化隔离带相结合布置，并做好密闭防水措施。在外形设计上，吊装口外部形式为景观花坛或与小品结合，常以防腐木、钢

图3-3　吊装口中层实景图

图3-4　吊装口底部实景

化玻璃、各式面砖组成花坛，花坛上种植灌木花草，在需要时整个花坛与景观小品易于移除。

图3-5  外露式吊装口顶部

### 3.3.2  管线分支口

在地下综合管廊与道路相交的部位设置管线分支口，以保证管廊内市政管线与管廊外部市政管线连接，共同构成市政管网；此外，管廊沿线一些规模较大的地块也需要从地下综合管廊中引入市政管线，在这种情况下也需要设置管线分支口，以方便管廊沿途用户连接管线，避免接管过程再对道路进行大面积的二次开挖。

地下综合管廊管线分支口主要服务于管廊内部敷设的电力电缆、通信线缆、给水排水管线、热力管线、燃气管线等市政管线。管线分支口数量和密度如表3-10所示。

管线分支口数量和密度                                           表3-10

| 管廊段名称 | 江苏大道 | 西安路 | 环保二路 | 方洋路 | 合计 |
| --- | --- | --- | --- | --- | --- |
| 管廊长度（km） | 8.4 | 3.0 | 1.3 | 2.6 | 15.3 |
| 管线分支口数量（个） | 24 | 14 | 5 | 8 | 45 |

根据一般城市道路规划的道路间距要求，在管廊沿线每200m左右设置一处管线分支口。管线分支口的覆土深度为2.5m，与地下综合管廊标准断面基坑开挖深度相同，为6~7m。

在管线分支口设计中，为避免在引出管线时影响正常管线的敷设与运行，需要对管线分支口部位的管廊主体宽度进行加宽、加高处理。需要引出的管线根据其敷设要求（转弯半径、阀门设备等电力电缆管线进出口的内径，按照电缆外径的1.5倍取值，将预留穿墙套管），从原有管线上连接，通过管线分支口预埋的孔洞引出地下综合管廊，并敷设至管廊外管线（图3-6、图3-7）。

图3-6  管线分支口外部实景

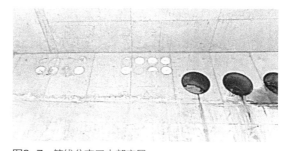

图3-7  管线分支口内部实景

在地下综合管廊管线分支口设计中，除依据市政管线规划预留管线分支口之外，还预留了远期发展可能增加的市政管线分支口。

综合管廊内部敷设的电力电缆、通信线缆、给水管道、热力管线等市政管线，除了担负着系统转输和连接功能外（如变电站间高压联络线、大口径输水管道等），还承担着向周边地块接线的任务。

在核心区等道路等级较高的地区，一般路口间距在200~500m，而需要管线引出的多为较大地块，这种情况下引出的间距也较大。因此为避免频繁设置管线分支口而降低综合管廊标准段长度比例，除在路口设置管线分支口外，根据地块性质，在地块内酌情增加布置管线分支口，使各管线分支口间距保持在200m左右。

在管线分支口处，各舱一般均有管线引出至相交道路或地块内。由于管廊各舱防火分区各自独立，因此各舱的管线分支口也各自独立不连通。考虑到引出管线时不影响正常管线的敷设与运行，管线分支口处的管廊需进行加宽、加高处理，需引出的管线根据其敷设要求（转弯半径、阀门设备等），从原有管线或管位上接出，通过接出口预埋的孔洞引出综合管廊，并敷设至地块。

### 3.3.3 高压电力套管规格

在管线分支口部位引出的市政管线与管廊外市政管线对接，是通过设置在管廊侧壁的管线套管实现的。每个管线套管规格与对应的管线外径相吻合，与所通过的管线之间有很好的密封性，防止地下水由此处渗入管廊。在选择各类管线所对应的管线套管规格时，大多数能够很容易地确定所对应规格的管线套管，唯有220kV高压电缆所对应的套管规格，需要参考更多的前提条件方能确定。

按照徐圩新区地下综合管廊入廊管线规划，入廊高压电力线包含110kV和220kV两种。在地下综合管廊的管线分支口施工图设计中，遇到了220kV电力线套管规格选择的问题。主要原因是220kV电力电缆的外径，会根据电缆通过的电流大小以及所处环境的不同而配置不同的外保护层，从而电缆外径有所不同，造成对应的套管规格也有所不同。对此，需要进一步研究影响电缆使用的各种因素才能确定电缆套管规格。

通过调研了解到，该地下综合管廊所使用的电缆，需要根据徐圩新区现状电网等级、近期用电规划预估220kV供电线路所需的电缆断面等级。经预估220kV的截面积有800mm$^2$、1600mm$^2$、2000mm$^2$和2500mm$^2$四种，其中只有2500mm$^2$的需要250mm套管。

根据电力部门介绍的情况，当时徐圩新区220kV等级电力线路很少，在近期电力建设规划中采用大截面的220kV电缆的可能性也不大。电力专家们还进一步说明，电缆直径的大小与电缆的铠甲选择有关系，铠甲厚度影响电缆外径规格，而铠甲的选择与当地敷设电力电缆自然环境相关联，即自然条件恶劣的则需要采用保护性更好的厚铠甲。而对于在地下综合管廊中敷设的电缆而言，因为受到管廊的保护而无需厚铠甲，即使在管廊外电缆需要铠甲时，也可以在引出管廊时做特别的设计处理，来保证电缆的安全达到设计要求。为避免电力施工时被迫损坏套管，高压电缆转弯半径取3.2m来安排相应的空间尺度。

根据专家们给予的意见，结合徐圩新区用电规划，最终选择的高压电力管线套管规格为200mm。

## 3.4 入廊管道设计

截至2020年6月，徐圩新区地下综合管廊完成了污水、给水和原水管线和管廊本身配套的电力线的敷设。由于给水管道与原水管线除了水质不同外，管线设计与施工各项要求相同，故本节仅介绍污水管道和给水管道的实施情况，以及以电力支架为主的管线支架防腐实施情况。

### 3.4.1 污水管道

按照徐圩新区地下综合管廊一期工程规划，污水管道布置在江苏大道全段和西安路北段，以江苏大道段最具代表性，因此主要分析此段污水入廊面临的问题及解决措施。

江苏大道下敷设的是徐圩新区的污水主干管，原有污水管分布在刘圩港河至污水处理厂段，但是由于地质条件差，污水管道已出现不均匀沉降、排水条件较差且容易形成淤积等问题。因此现有污水管道较难满足新区发展的需用，污水管道入廊势在必行。

#### 1. 管道高程

该地下综合管廊廊顶设计高程为1.10m（道路平均高程为3.80m），廊底设计高程约为-3.70m，现状污水管道高程在-0.6～-2.05m之间。具体位置关系如图3-8所示。

根据地下综合管廊的空间结构条件，污水管道的高程应控制在管顶0.2～0.0m之间，管底-2.05～-2.25m之间。对依靠重力排入的汇水范围产生了一定限制，部分污水管道入廊后重力行程较短，管道坡度无法满足规范要求，因此污水管道直接入廊不可行，最终需要通过增设泵站提升污水水力梯度，来满足排放要求。

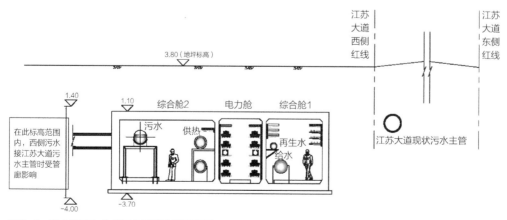

图3-8 综合管廊与传统污水管道位置示意图

### 2. 管道节点

#### （1）管道入廊节点

污水管道入廊时在管廊外新设计闸门井，通过管廊侧壁将污水管道引入管廊内。管廊侧壁上设置柔性防水套管，端头设置法兰盲板以利于检修。始端污水管道入廊如图3-9、图3-10所示。

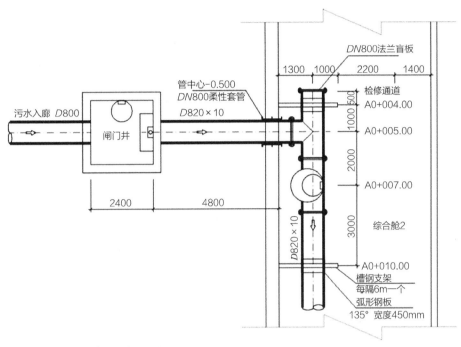

**图3-9** 始端污水管道入廊平面图

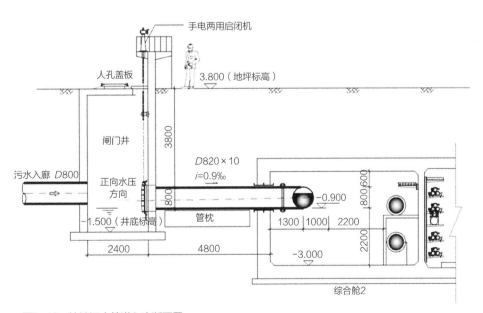

**图3-10** 始端污水管道入廊断面图

（2）管道出廊节点

污水管道出廊时与入廊相似，污水管通过管廊侧壁引出至管廊外，在管廊外设置闸门井，侧壁上设置刚性防水套管（图3-11、图3-12）。

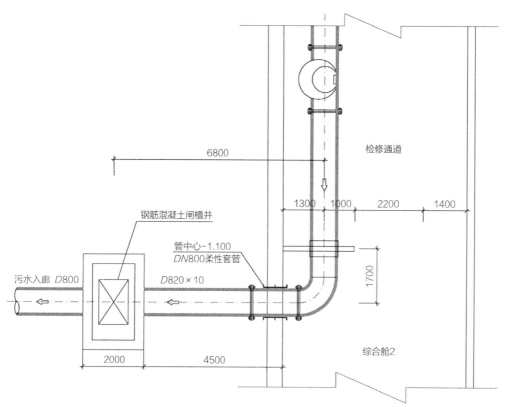

图3-11　污水管道出廊平面图

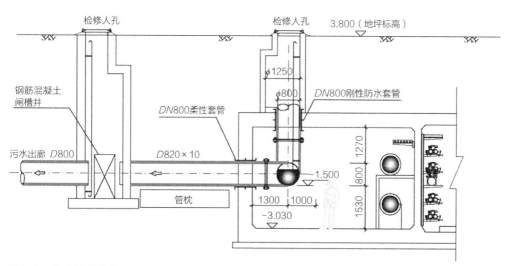

图3-12　污水管道出廊断面图

（3）压力管道入廊节点

经过泵站加压后的污水管从管廊上方的顶板接入管廊内，管廊顶板预留刚性防水套管，同时设置检修井，井内设置自动排气阀（图3-13、图3-14）。

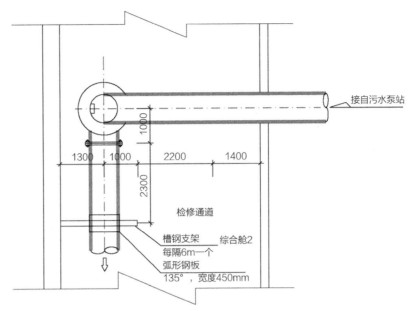

图3-13　压力污水管道入廊平面图

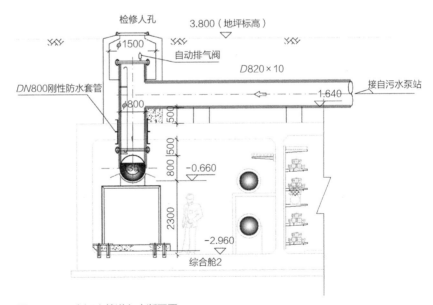

图3-14　压力污水管道入廊断面图

（4）重力管道入廊节点

因为在污水管道施工时，地下综合管廊本体施工已经完成，故所有重力管道穿越管廊的形式均采用倒虹方式，并采用顶管方式进行施工（图3-15、图3-16）。

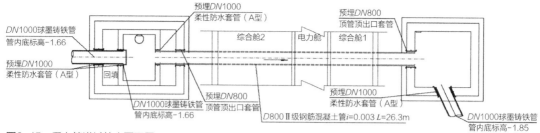

图3-15 重力管道过管廊平面图

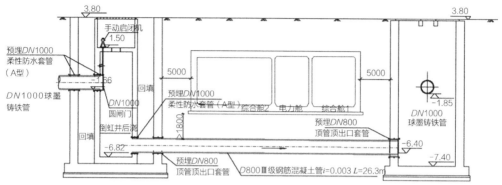

图3-16 重力管道过管廊断面图

（5）污水检查井

在本项地下综合管廊工程中，敷设污水管道长达7580m，对于如此长的污水管道需设置收水与排气口，以及用于清理疏通与检修的检查井。如果在管廊内设置检查井和排气口，会存在漏水、漏气的安全隐患，影响到管廊内部环境卫生及检护人员的安全。目前，在无管廊内专用污水管道清通机械车的情况下，应考虑污水管道集聚的沼气会对管廊消防安全产生的威胁。

在管廊内重力流污水管道的设计中，考虑到管廊内的安全和污水管道的运行需要，采用在地下综合管廊外设置检查井的方案。污水管道可通过廊外设置的检查井来保障正常排气、通气、收水等功能的实现，同时防止管廊内可能出现的污水和有毒气体泄漏给污水管廊带来的安全隐患。污水检查井及其竖井如图3-17所示。

为了保证污水管道密封性达到高标准，管廊内污水管道的连接采用焊接钢管法兰。管廊内与管廊外污水管道连接处均采用预埋防水套管，防止地下水渗透到管廊内部。

对于污水管廊内的各项安全措施都做了相应的设计，污水管廊内火灾危险等级为丁类，设置相应灭火器等器材；

图3-17 污水检查井及其竖井

污水管廊内的通风系统采用机械通风及排放，正常通风换气次数不小于$2h^{-1}$，检修及事故时通风换气次数不小于$6h^{-1}$；污水管廊内设置正常照明及应急照明。按规范要求污水管廊内设置温度、湿度、气体等监测装置，设置集水坑和自动排水系统。

### 3. 管材选择要求

常用于污水管道的管材有钢筋混凝土管、球墨铸铁管、焊接钢管、塑料管（HDPE、UPVC等）等。相对于直埋铺设的污水管道管材，入廊敷设的污水管道管材有很大不同，主要表现在以下几方面。

（1）管道密闭性要求高

由于管廊是封闭空间，除污水管道外，还有其他市政管道，如果污水发生泄漏，将会对其他市政管道造成极大影响。

（2）对管道耐外压能力要求降低

直埋管道因需要承受覆土的压力以及机动车的载荷，对管材耐外压能力即环刚度要求较高，而管廊中的污水管道由于不存在覆土和机动车的载荷，对管材环刚度的要求可以适当降低。

（3）管材纵向结构强度要求高

管廊中污水管道架空铺设，支架（支墩、吊架）间的管道不但承受管道本体及管内污水的重量，还要保证管道的正常排水坡度，这对管材的纵向结构强度提出了新的要求。

（4）管道接头数量要少

管道接口的数量直接关系到管道施工的工程量，且较多的管道接头又会造成渗漏点的增多，因而入廊管道的管材单节长度应尽量长，管道接头应尽量少。

（5）管材重量要轻

管廊内的管道均需通过投料口进入管廊，再运输至需要安装的管位，管材重量大时，会对管廊内的管道运输产生很大的困扰。

（6）壁厚要小

同等内径下，较大的管径会造成管材整体尺寸偏大，不利于在管廊内的运输，此外，当管廊坡度小于污水管道坡度时，较大的管径会压缩管道在管廊内的不加压管段，增加泵站的设置，提高工程投资。

### 4. 管材选择比较

针对以上要求，首先排除钢筋混凝土管材。因为钢筋混凝土管多采用承插连接，管节长度短，接头数量多，易渗漏，管材重量大，壁厚大，且摩阻高，同等排水要求下需要的坡度大，故而钢筋混凝土管不宜作为入廊管材。接着，进一步对焊接钢管、球墨铸铁管、塑料管三种管材进行分析比较。

（1）焊接钢管

焊接钢管是指用钢带或钢板弯曲变形为圆形后再焊接成的、表面有接缝的钢管。焊接钢管采用的坯料是钢板或钢带。低压流体常用焊接钢管的材质为Q195—Q235，其主要尺寸、外形、重量及技术性能参数按《低压流体输送用焊接钢管》GB/T 3091—2015进行设计选用。

本工程廊内污水管道选用了Q235A管材，其管道材质坚固，抗拉、抗压、抗震、抗渗性能好；内壁较光滑，水流阻力较小；每节管道长度大，接头较少；但钢管价格比铸铁管材价格稍高，且抗酸碱腐蚀及地下水浸蚀的能力较差。

（2）球墨铸铁管

球墨铸铁管是铸铁管的一种。在质量上，要求铸铁管的球化等级控制在1~3级（球化率≥80%），因而材料本身的机械性能得到了较好的改善，具有铁的本质、钢的性能。退火后的球墨铸铁管，其金相组织为铁素体加少量珠光体，机械性能良好，防腐性能优异、延展性能好，密封效果好，安装简易。

（3）塑料管

塑料管主要有聚氯乙烯管（UPVC）、氯化聚氯乙烯管（CPVC）、聚乙烯管（PE）、交联聚乙烯管（PE-X）、耐热聚乙烯管、三型聚丙烯管（PPR）、聚丁烯管（PB）、工程塑料管（ABS）。由于它具有质轻、耐腐蚀、外形美观、无不良气味、现场加工容易、施工方便等特点，在建筑工程中获得了越来越广泛的应用。主要用作房屋建筑的自来水供水系统配管，排水、排气和排污卫生管，地下排水管系统、雨水管以及电线安装配套用的穿线管等。

塑料管的主要缺点是强度较低，耐热性差。由于本工程污水入廊与热力管道共舱，热力管道对塑料管的热伸缩性提出较高要求；塑料管材绝大部分为可燃性材料，对管廊的消防也提出更高要求；且塑料管材强度较低，廊内明装塑料污水管在施工及后期检修维护时，易发生碰擦变形，影响使用；塑料管道架空铺设时需要设置的吊架（支墩）也较多。因此本工程决定不采用塑料管材。

根据管材技术经济指标综合对比（表3-11），以及考虑到工程地下水具有一定的腐蚀性，采用管径焊接钢管内防腐处理难度较大，最终选用球墨铸铁管。污水管道建成实景如图3-18所示。

焊接钢管与球磨铸铁管比选表　　　　　　表3-11

| 序号 | 比较内容 | 焊接钢管 | 球墨铸铁管 | 综合比较 |
| --- | --- | --- | --- | --- |
| 1 | 耐腐蚀性能 | 普遍认为钢管不耐腐蚀，寿命只有30年左右，并且需要在现场进行防腐工作，防腐质量难以保障。如果钢管采用焊接连接，DN800以下规格的管道内部防腐施工难度大。由于管廊内维修比较困难，采用寿命较短的钢管将难以满足综合管廊100年的规划设计要求 | 球墨铸铁材质耐腐蚀性很高，使用寿命超过100年，管道内外防腐全部在工厂内完成，避免现场施工的影响。寿命可满足综合管廊100年的规划设计要求 | 球墨铸铁管耐腐蚀性高 |

| 序号 | 比较内容 | 焊接钢管 | 球墨铸铁管 | 综合比较 |
|---|---|---|---|---|
| 2 | 抗拉强度 | ≥ 375MPa | ≥ 420MPa | |
| 3 | 最小屈服强度 | ≥ 235MPa | ≥ 300MPa | 球墨铸铁管力学性能优于钢管 |
| 4 | 断裂最小延伸率 | 20% | 7% | |
| 5 | 施工要求 | 钢管可根据现场要求灵活进行局部切焊或整段安装 | 管道及尺寸制作精度要求较高 | |
| 6 | 施工速度 | 焊接钢管整体在工厂内施工，在综合管廊内法兰连接，施工速度较快 | 球墨铸铁管采用特有的承插式T型接口，安装简便，承压能力高，简单培训即可上手安装，安装速度快，DN600以下口径管道1天可安装超过300m | 施工要求和速度对污水入廊管材比选差别不大 |
| 7 | 内防腐要求 | 先除锈后再进行铝酸盐水泥内衬，砂浆厚度不小于20mm，再涂刷环氧煤沥青涂层；工厂内采用离心内衬工艺 | 先除锈后再进行铝酸盐水泥内衬，砂浆厚度不小于20mm，再涂刷环氧煤沥青涂层；工厂内采用离心内衬工艺 | 一般认为钢管耐腐蚀性差于球墨铸铁管，且钢管在防腐前必须按要求进行除锈处理，在防腐要求上球墨铸铁管有优势 |
| 8 | 外防腐要求 | 明露管道先除锈后刷防锈漆两道，再涂刷防腐面漆两道，油漆总厚度不小于300μm；埋地管道按加强级四油三布要求防腐 | 200g/m² 金属锌 +100μm 终饰层，管件推荐采用富锌漆（240g/m²）+100μm 终饰层，其中富锌漆干膜的含锌量大于85% | |
| 9 | 热膨胀适应性 | 管道法兰接口允许一定的伸缩间隙，不需要设置温度补偿装置 | 接口允许一定长度的轴向伸缩，可以适应管道的热胀冷缩，不需要设置温度补偿装置 | 差别不大 |
| 10 | 管道接口 | 钢管可采用焊接、法兰连接、沟槽连接，但考虑到廊内施工环境条件，以及大口径沟槽连接成本及技术等要求，本次钢管廊内采用法兰连接 | 球墨铸铁管接口可采用T形、K形及法兰形，低压污水管一般采用T形接口；接口安装时，管子的插口外壁挤压安放在承口内的橡胶圈处，使其压缩变形而产生一定的接触压力 | 钢管法兰连接成本大于球墨铸铁管T形接口，与K形及法兰形相近 |
| 11 | 管道支架 | 钢管跨距大，管道支架数量少，且为低压排水管，管道可全部采用滑动支架，成本低 | 球墨铸铁管需要在每个承插口处设置管道支墩，为确保运行安全一般采用混凝土支墩，支墩数量较多 | 钢管管道支架成本低于球墨铸铁管，且管廊内采用2.2~0.5m高度的混凝土支墩对廊内视觉景观影响较大 |

| 序号 | 比较内容 | 焊接钢管 | 球墨铸铁管 | 综合比较 |
|---|---|---|---|---|
| 12 | 经济性 | DN800 钢管含连接件的单位材料成本约 1300 元 /m，管材可以根据设计压力单独设计壁厚，并且近年来钢材原料价格走低，成本有优势 | K9 级别 DN800 球墨铸铁管含连接件的单位材料成本约 1200 元 /m，球墨铸铁管应用在综合管廊内部，由于不需要承受外部荷载，所以可以选用 K8 甚至 K7 级别的管道，使得管道成本降低 | 考虑单位管长钢管及法兰连接件材料费略高于球墨铸铁管，但钢管管道支架要求与数量低于球墨铸铁管，综合成本钢管与球墨铸铁管相差无几 |
| 13 | 使用寿命 | 钢管因自身的耐腐蚀性较差，一般设计寿命为 30~50 年 | 球墨铸铁管若不考虑外力导致管道变形引起的断裂，理论设计寿命可达 50~100 年 | 球墨铸铁管优于钢管 |
| 15 | 廊内消防安全 | 污水管道一定距离设廊外检查井，管道污水有毒有害气体正常由检查井排除 | 污水管道一定距离设廊外检查井，管道污水有毒有害气体正常由检查井排除 | 差别不大 |
| 16 | 管道清通 | 正常由地面机械清通设备在廊外清通 | 正常由地面机械清通设备在廊外清通 | 差别不大 |

### 5. 管道连接方式

球墨铸铁管常用的连接方式有 T 形连接和 K 形连接，其特点如下。

（1）T 形连接

T 形连接的结构如图 3-19 所示。接口安装时，管子的插口外壁挤压安放在承口内的橡胶圈处，使其压缩变形而产生一定的接触压力。该接口具有结构简单、安装方便、密封性能好等特点。在承口结构上考虑了密封圈的定位和接口的偏转，通过控制插口的安装深度，使得接头具有一定的轴向伸缩量，因此，这种接口能适应一定的基础沉降，同时可利用其偏转角 $\theta$ 实现管道长距离的转向安装，接口偏转安装如图 3-20 所示。

图 3-18　污水管道实景

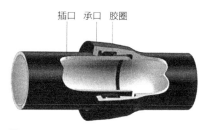

图 3-19　T 形连接接口结构示意图

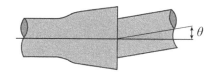

图 3-20　T 形连接接口偏转示意图

有/无压输水（饮用水、污水等）管道，可采用地下或地上铺设方式，且管道的敷设坡度不超过20%（地上铺设）或25%（地下铺设）时。

T形连接是利用橡胶圈的自密封作用来保持水密封性的，胶圈由硬胶和软胶两部分组成，硬胶对管道接口有一定支撑和对心作用，因而安装时也需要更大的推力。其密封原理如图3-21所示。

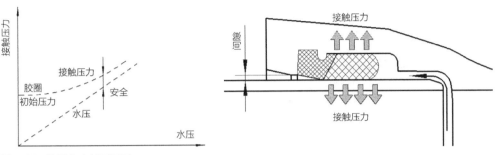

图3-21 胶圈自密封原理图

所谓自密封作用，就是橡胶圈受到流体压力作用时，橡胶圈上实际形成的接触压力等于安装时预先压缩胶圈产生的接触压力与流体压力作用在橡胶圈上新增接触压力之和。由于接触压力比流体压力大，所以接口具有良好的密封性。图3-22为在9.7MPa压力下的爆破试验，结果显示接口完好。

（2）K形连接

K形连接接口的承口外端为法兰和独立的法兰压圈，由形状特殊的橡胶圈、管体插口、螺栓、螺帽组成（图3-23）。其自锚工作原理是通过螺栓紧固，将压力传导至压兰，再到胶圈，胶圈压缩后使接口得到封密。K形连接接口适用于$DN1600 \sim DN2600$大口径的管道。

图3-22 $DN800$压力爆破试验照片

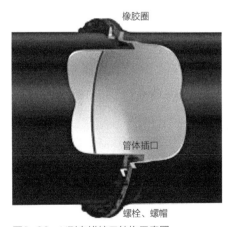

图3-23 K形自锚接口结构示意图

（3）接口方式比选

球墨铸铁管连接方式比选如表3-12所示。

球墨铸铁管连接方式比选 表3-12

| 连接方式 | 优点 | 缺点 |
|---|---|---|
| T形连接 | 1. 施工简单快速。使用简单的工具即可进行快速、安全的装接工作。<br>2. 橡胶圈不易老化。橡胶圈几乎被完全嵌入承口内槽中，与氧气接触部分较少，可降低老化程度。<br>3. 电化学腐蚀影响较小。接口的橡胶圈使每根球墨铸铁管之间相互绝缘，可减少电化学腐蚀的影响。<br>4. 密封性能好。橡胶圈密封部位受到挤压后，可与球墨铸铁管承口内表面和插口外表面紧密接合，从而获得充分的气密性和水密性。<br>5. 具有可挠性。橡胶圈具有弹性，使球墨铸铁管承口具有可挠性，管道可以很好地适应地基的少许沉降或震动。<br>6. 伸缩性良好。可以很好地吸收由于温度变化引起的管道伸缩，无需伸缩接头 | 1. 荷载大，加大管廊基础荷载。<br>2. 外形尺寸大，占用管廊空间，2m高的支墩对管廊视觉影响大。<br>3. 易老化、热胀冷缩大，不宜长时间受日光照射、抗压能力差，施工欠妥易引起变形性差、可挠度差 |
| K形连接 | 1. 接口具有较高的严密性。<br>2. 安装简单省时。<br>3. 对上部荷载所造成的直管变形具有较佳的可挠性。<br>4. 橡胶圈不易老化。<br>5. 能防止电化腐蚀的影响 | 1. 使用管径较大。<br>2. 伸缩性较差，需要伸缩接头 |

本次安装管径最大为$DN800$，考虑到管廊中施工空间狭小，通风条件较差，以及后期维护的便利性，本工程均使用球墨铸铁管T形连接。

### 6. 污水管道入廊优点

江苏大道污水管道入廊对于徐圩新区的污水管网整体建设而言，相比传统的污水管道直埋式，存在诸多优点：

（1）污水管道敷设在地下综合管廊内，避免了直埋方式易发生的管道沉降现象，彻底解决直埋污水管道不均匀沉降所引发的水力条件差、容易淤积等问题，减小污水管道堵塞风险，确保污水管重力排放的水力条件。

（2）污水管道敷设在管廊内，检修更省时，更换更简便，避免城市道路被反复开挖，污水管道得到保护免受外部影响而损坏，延长了污水管道使用寿命，降低污水管道运行管理费用。

（3）提升作为市政管网之一的污水管道安全等级和管理水平。

### 3.4.2 给水管道

按照徐圩新区地下综合管廊一期工程规划，4条管廊均布置了给水管道，给水管道规划长度共计15330m，其中江苏大道段长度8420m，西安路段长度3000m，环保二路段长度1310m，方洋路段长度2600m。给水管道建成实景如图3-24所示。

图3-24　管廊内给水管道实景

#### 1. 江苏大道段管道

该段给水管道位于江苏大道管廊综合舱，管道长度8420m，设计给水管管径为DN800。经对张圩河路以北地块用水量核算，江苏大道（应急救援中心~张圩河路）段管径由原设计DN800调整为DN500，江苏大道（张圩河路~徐圩污水处理厂）管径为DN800。

（1）标准横断面

根据管廊断面尺寸，江苏大道综合管廊有四种横断面形式（图3-25~图3-28），分别为：试验段（A0+000~A0+800）、过张圩河及立交段（A0+800~A1+640）、环保九路北段（A1+640~A5+880）、环保九路南段（A5+880~A8+420）。

（2）引出口

江苏大道综合管廊全线共设计管道引出口24处，考虑道路两侧地块用水及市政消防用水，24处引出口均设置给水管道出廊，并采用两侧出廊的方式，一侧接道路同侧地块配水管道，另一侧穿过道路接另一侧配水管道。给水管出廊后设置阀门井，阀门采用手动蝶阀，配合伸缩节安装使用。

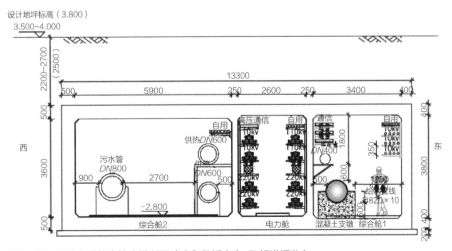

图3-25　江苏大道综合管廊横断面（应急救援中心~张圩港河北）

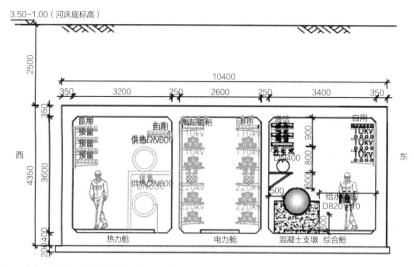

图3-26　江苏大道综合管廊横断面（张圩港河北~张圩港立交）

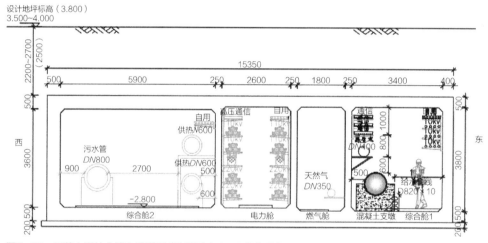

图3-27　江苏大道综合管廊横断面（张圩港立交~环保九路）

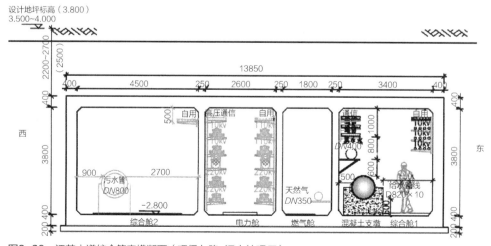

图3-28　江苏大道综合管廊横断面（环保九路~污水处理厂）

（3）端部井

江苏大道综合管廊端部井桩号A8+420，管廊施工图已于端部预留了DN800套管，管中心标高2.1m，给水管道需采用两个90°弯头出廊，竖直管长2m。管道不变向，直接出廊，出廊后利用固定支墩固定，并采用小角度上坡进入阀门井，这样做一是减小局部水头损失，二是可利用覆土进一步减小管道位移，保证管道安全。

**2. 西安路段管道**

该段给水管道位于西安路管廊综合舱，管道长度3000m，设计给水管管径DN600。

（1）标准横断面

根据管廊断面尺寸，西安路综合管廊横断面可分为两种形式，其中 B0+060~B2+320 段有给水管道入廊，B2+320~B3+060段无给水管道入廊。西安路综合管廊横断面如图3-29、图3-30所示。

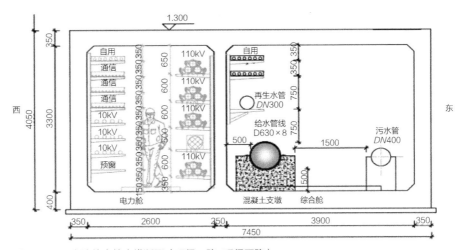

图3-29　西安路综合管廊横断面（环保二路~环保五路）

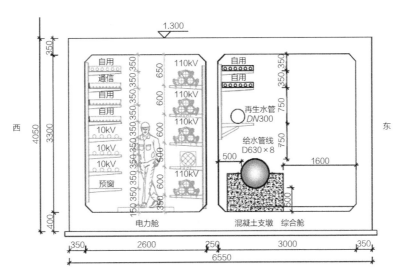

图3-30　西安路综合管廊横断面（环保五路~方洋路）

（2）引出口

西安路综合管廊共设计引出口共14处，考虑道路两侧地块用水及市政消防用水，14处引出口均设置给水管道出廊，采用两侧出廊的方式，一侧接道路同侧地块配水管道，另一侧穿过道路接另一侧配水管道。给水管出廊后设置阀门井，阀门采用手动蝶阀，配合伸缩节安装使用。

（3）交叉口

西安路综合管廊分别于环保二路综合管廊、环保大道综合管廊及方洋路综合管廊相交形成交叉口。其中环保大道综合管廊暂未设计，方洋路综合管廊变更设计尚未完成，故本次方案只考虑与环保二路的交叉口的处理。

西安路综合管廊与环保二路综合管廊交叉口采用上下层布置形式，环保二路管廊在上，西安路管廊在下。两条管廊给水管通过预留孔洞采用DN500连接管连接。

**3. 环保二路段管道**

该段给水管道位于环保二路综合舱，管道长度1310m，设计给水管管径DN500。

（1）标准横断面

环保二路综合管廊为两舱断面，南侧舱室内有给水、直饮水、电力及电信管道，北侧舱室有热水管道、再生水管道（图3-31）。

（2）引出口

环保二路综合管廊共设计引出口4处，考虑道路两侧地块用水及市政消防用水，4处引出口均设置给水管道出廊，采用两侧出廊的方式，一侧接道路同侧地块配水管道，另一侧穿过道路接另一侧配水管道。给水管出廊后设置阀门井，阀门采用手动蝶阀，配合伸缩节安装使用。

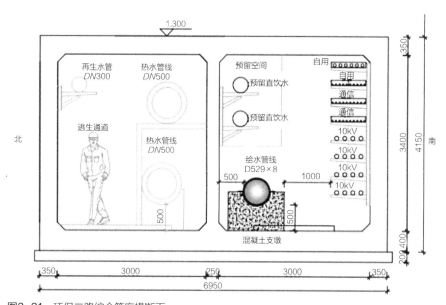

图3-31　环保二路综合管廊横断面

（3）交叉口

环保二路综合管廊与江苏大道综合管廊和西安路综合管廊相交形成交叉口。

#### 4. 方洋路段管道

该段2条给水管道均位于方洋路综合舱，管道长度均为2600m，设计给水管管径 DN1000。

方洋路综合管廊内的给水管位于综合舱内，管径DN1000，为输水主干管，起端接徐圩水厂出厂管，沿线与西安路DN600给水管和江苏大道DN800给水管相接。

根据方洋路综合管廊施工图，方洋路综合管廊以中心河为界，分为两种断面形式（图3-32、图3-33）。根据《徐圩新区地下综合管廊管道（给水、原水、污水）入廊协调会会议纪要》，方洋路综合管廊内管道位置做出变动，原综合舱内的原水管改为给水管，原给水舱内的一条给水管变为原水管，另一个给水管位作为备用。

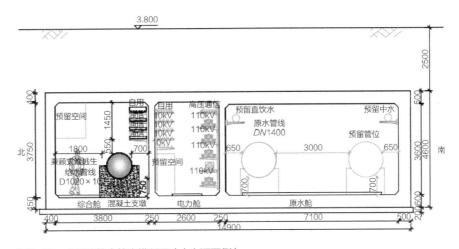

图3-32 方洋路综合管廊横断面（中心河西侧）

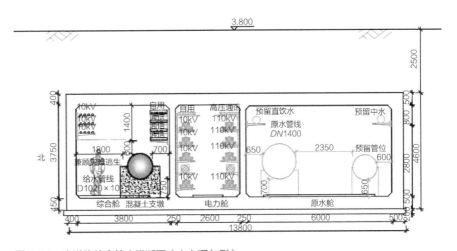

图3-33 方洋路综合管廊横断面（中心河东侧）

### 5. 管材选择

在进行管道材质选择的过程中，首先对管廊内给水管道和直埋铺设给水管道这2种敷设方式在使用要求方面进行了比较分析，以此作为选择的主要依据。对于在管廊内敷设的给水管道，主要有以下几个方面要求。

（1）管道密闭性要求高

由于管廊是封闭空间，除给水管道外，还有其他市政管道，如果发生饮用水泄漏，不仅会对其他市政管道造成伤害，同时会对管廊运营造成极大影响。

（2）管道耐外压能力要求低

直埋管道因需要承受覆土的压力以及机动车的载荷，对管材耐外压能力要求较高，而管廊中的给水管道由于不存在覆土和机动车的载荷，对管材耐外压能力的要求可以适当降低。

（3）管道纵向结构强度要求高

管廊中给水管道架空铺设，支架（支墩、吊架）间的管道要同时承受管道本体及管内饮用水的重量，因而对管道的纵向结构强度要求更高。

（4）管道接头数量要少

管道接口的数量直接关系到管道施工的工程量，且较多的管道接头又会造成渗漏点的增多，因而入廊管道的管材单节长度应尽量长，管道接头应尽量少。

（5）管道材质要轻

管廊内的管道均需通过投料口进入管廊，再运输至需要安装的管位。当管道材质较轻时，可减少在管廊内运输的难度。

（6）管材壁厚要小

同等内径要求条件下，管壁厚度较小时，管材外径的增加量也小，可减轻管道重量，利于在管廊内运输。

综合考虑以上因素，并对管材经济技术进行综合比选，本工程选用钢管作为给水入廊管材。

### 6. 管道支墩

（1）支墩形式选择

管廊内管道支墩的安装主要从满足管道安装要求和减小管廊基础负荷两方面考虑，同时适当考虑管廊内部空间的简洁美观。目前常用的管道支墩形式主要为混凝土支墩和钢支墩，如采用钢支墩，则需在管廊底板浇注时预埋固定钢支墩的螺栓，而本次给水入廊管道的设计是在管廊主体进行施工时才展开的，给水管道入廊工程在管廊主体土建完成后才开始实施，所以最终采用了混凝土支墩方案。

（2）支墩间距和支墩大样

支墩分为滑动支墩与固定支墩，这两种支墩的间距有所不同。管径为$DN500$和$DN600$的管道，在平直段滑动支墩间距为6m；管径为$DN800$的管道，滑动支墩间距为8m；管径为$DN1000$的管道，滑动支墩间距为10m。支墩大样如图3-34、图3-35所示。

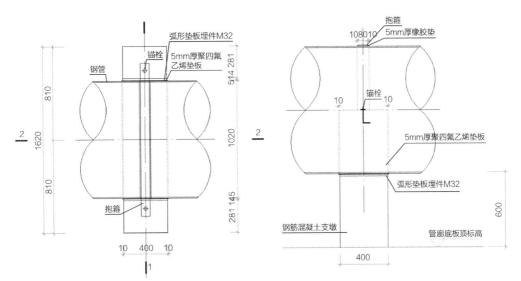

图3-34 钢管滑动钢筋混凝土支墩          图3-35 钢管固定钢筋混凝土支墩

管道直线段固定支墩一般按照每60~70m设置一个，最大距离不超过100m。另外，在管道水平和竖向转弯处需设置固定支墩。

### 7. 管道附件配置

（1）阀门

为方便给水管道入廊后的检修维护，管道阀门采用手动、自动两用蝶阀。手动、自动两用蝶阀的安装位置根据管道引出口、交叉口及管道的检修间距综合考虑确定，一般500~1000m设置一个。手动、自动两用蝶阀具有缓闭功能。

（2）伸缩接头

伸缩接头与蝶阀配合安装使用，以方便阀门的安装检修维护。

（3）排气阀与排泥阀

为保证管道内水流运行顺畅，需在管道隆起位置设置排气阀，在管道竖向布置较平缓处，宜间距1km左右设置一个排气阀。在每个检修区间内的管道最低处设置排泥阀。

排气阀选用适于长距离输水，且可防止或减少关阀水锤的复合型排气阀。这种阀门的操作原理是当输水管内开始注水时，活塞停留在开启位置，进行大量排气；当空气排完时，阀内积水，浮球浮起，活塞至关闭位置，停止大量排气。当管道内的水正常输送时，如有少量空气聚集在阀内到相当程度，阀内水位下降，浮球随之下降，此时管道内的空气由排气孔排出（整体式），或由自动排气阀排气孔排出（分体式）。当水泵停止，管道内的水流空时或遇管内产生负压时，活塞迅速开启，吸入空气，确保管道安全。

（4）管道安装

待安装的管道通过吊装口吊入管廊内部后，采用运输车加电动卷扬机辅助的方式来搬运管道。在搬运过程中，利用管廊顶部预留的吊钩将绳索与运输车连接，通过电动卷扬机牵引管道至安装位置。钢支墩、阀门等管材配件采用手推车进行人工搬运，运输车到达指定位置，再利用自制滑轮式桁架悬空起吊固定管材，底部先行安装管道混凝土支墩，然后固定单节管道，最后进行管节接头的焊接安装。

（5）管道防腐

管道内外防腐采用环氧树脂涂层，防腐工序在管道生产厂家完成，运至现场后直接安装。

### 3.4.3 管线支架防腐

由于地下综合管廊距离海岸线仅3.5公里，且地下水位高（黄海高程2.6m），盐分高（3‰），造成地下综合管廊内金属材料面临严峻的被腐蚀环境。

在徐圩新区地下综合管廊本体建设中，同步完成了电力和通信管线的支架施工安装工程。针对此项管线支架防腐要求，管廊项目组人员通过调研，充分了解国内地下综合管廊项目中管线支架防腐出现的问题以及处理的方式，同时将有价值的经验用于本项建设工程。

广东某城市地下综合管廊工程，重视管线支架的质量要求，对管线支架预埋槽进行了单独委托，为此将工程计划推迟了近一年。据某管线支架生产厂家介绍，北京某地下综合管廊工程，因采用了一般的管线支架，没有对支架提出特别的防腐要求，管廊投入使用后三年，因支架严重腐蚀而被迫更换新的支架，造成了不小的损失。

在考察支架生产并对产品进行研讨的过程中，项目组成员注意到防腐中的一个细节：对于镀锌构件的阳角处，因镀层很难形成同样的直角，导致该部位镀锌的厚度明显减小，成为防腐环节的薄弱点。一般情况下，镀锌厚度提高时，防腐的效果并不能同步提高，因而镀锌不宜要求太厚，以70μm为上限。如果提高防腐标准，则可在镀锌的基础上，再镀其他合金类或其他防氧化材料的膜。

在管线支架采购招标中对于镀锌一项则要求其厚度不小于70μm。为了保证工程中所使用的管线支架防腐达到设计要求，本管廊工程专门委托专业检测单位对支架的主要构件、预埋槽和T形螺栓进行了中性盐雾试验和300h铜加速醋酸盐雾试验，报告显示均达到设计标准。

供水保障对于石化产业的运行与发展十分重要，因而对于以发展石化产业为主的徐圩新区而言，为保证石化产业发展，必须提供应急备用水源。石化产业对淡水资源需求量大，水质要求高，一旦发生突发性断水事件，造成的经济损失不可估量。此外，随着新区经济快速发展，人口迅速增长，保障生活用水关乎民生，与生产用水同样重要。因此，在炼化一体化等一系列大型石化产业项目落户徐圩新区之时，徐圩新区同步建成了香河湖应急备用水源工程。

本章主要介绍徐圩新区香河湖应急备用水源工程的设计思路、技术措施以及运行中问题的解决措施等内容。

## 第4章 香河湖应急备用水源

## 4.1 备用水源建设概况

### 4.1.1 建设背景

徐圩新区位于沿海地区，处于调引江淮水的末梢，水资源年内分配不均且总量不足，主要依赖外调水源。目前善后河是徐圩新区唯一的饮用水水源，但是善后河沿线工农业及生活污染形势严峻，超标事件时有发生。徐圩新区日常饮用水供水安全和供水能力本来就需要提升，再加之徐圩新区重点发展石化产业，而石化产业发展对供水安全有比较高的要求，从全区整体发展需求考虑有必要建立备用水源，应对突发重大水源水质污染所带来的危机，解除生产生活用水的后顾之忧，因而提出了建设香河湖应急备用水源工程安排。

### 4.1.2 建设作用

当徐圩新区现有水源发生突发污染事件时，可立即切换启用应急备用库容供水，充分利用香河湖应急备用水源的蓄水能力，提高供水水源保证率，在一定程度上解决了徐圩新区单一供水水源的问题，既可保障生活用水保障民生，又能保障工业用水。它兼具原水水质生态净化功能，是利用湖泊调蓄提高水资源配置能力的重要节点，使徐圩新区的水资源配置能力得到了极大提升（图4-1）。因此香河湖应急

图4-1 香河湖应急备用水源工程整体效果图

备用水源工程是完善徐圩新区供水水源格局，保障供水安全的需要，是徐圩新区经济社会快速健康发展的重要保障，是保障民生、推进生态文明、构建和谐社会的需要。

### 4.1.3 工程概况

香河湖应急备用水源工程位于徐圩新区中西部，北近徐圩水厂，西邻烧香支河，南靠中通道疏港大道。香河湖应急备用水库占地面积约1.99km$^2$，有效库容达450万m$^3$，项目总投资约7亿元，建成后形成一座下挖式生态型蓄水库，水库周边外围生态大堤长约5333m。该工程应急供水量为45万m$^3$/d，其中向徐圩水厂供水为9万m$^3$/d，向工业园产业区供水为36万m$^3$/d，能够满足徐圩新区连续10天生产生活应急原水供应。

## 4.2 备用水源工程建设

### 4.2.1 工程系统构成

香河湖应急备用水源工程主要包括主体工程、脱盐工程、绿化工程、水生态工程等。其中，主体工程主要包括土方开挖（含大堤和湖心岛填筑）、沥青环湖道路、两座桥梁、素混凝土生态护坡、水文观测亭、超越渠、预处理区和复合湿地区土建、管理用房土建施工等工程内容。

香河湖应急备用水源系统主要包括取水泵闸、生态净化、蓄水、输配水工程，其中主库区主要由预处理区、复合生态湿地区、生态蓄水区三个功能区组成。

库区的主要建筑物及设备如表4-1所示。

| 项目 | 常水位 | 设备 | 数量 | 单位 | 功能 |
|---|---|---|---|---|---|
| 取水泵站 | — | — | 1 | 座 | 将外河水提升进入本净化工程 |
| 预处理区 | 2.10~1.85m | 控制闸1、4 | 2 | 座 | 开闸时，进水前池的水进入超越渠；关闸时，进水前池的水进入沉淀区 |
| | | 控制闸2、5 | 2 | 座 | 开闸时，向超越渠进行配水；关闸时，向沉淀区配水 |
| | | 控制闸3、6 | 2 | 座 | 开闸时，向超越渠进行配水；关闸时，向生物接触氧化区配水 |
| | | 控制闸7、8 | 2 | 座 | 开闸时，向收集渠1进行配水；关闸时，向超越渠进行配水 |
| | | 控制闸9 | 1 | 座 | 开闸时，向复合生态湿地区进行配水；关闸时，向生物接触氧化区配水 |
| | | 挡水板 | 1 | 道 | 使溢流进入预处理区的水从中、下部开孔处均匀过流 |
| | | 溢流堰1 | 1 | 座 | 均匀配水及跌水增氧，并将取水泵站出水分别溢流至预处理区 |
| | | 溢流堰2 | 1 | 座 | 均匀配水及跌水增氧 |
| | | 溢流堰3、4 | 2 | 座 | 均匀配水及跌水增氧，并将水溢流进入生物接触氧化区 |
| | | 溢流堰5、6 | 2 | 座 | 均匀配水及跌水增氧，并将水溢流进入生物接触氧化区 |
| | | 溢流堰7、8 | 2 | 座 | 均匀配水及跌水增氧 |
| | | 溢流堰9、10 | 2 | 座 | 均匀配水及跌水增氧 |
| | | 超越渠1、2 | 2 | 条 | 向各区域进行配水 |
| | | 微泡增氧机 | 20 | 台 | 当进水DO（溶解氧）低时，为水体增氧 |
| | | 人工介质 | 16 | 道 | 拦截、吸附、净化水体 |
| 复合生态湿地区 | 1.80~1.65m | 联通管 | 36 | 条 | 通过联通管上的阀门控制调节复合湿地净化区水位及进出水流量 |
| 生态蓄水区 | 1.50~1.20m | 太阳能循环复氧机 | 16 | 台 | 提升DO（溶解氧），缩短水体的交换周期，提高水体流速 |
| 退水泵站 | — | — | 1 | 座 | 日常小流量向水厂供水，增加库区水体流动性；应急情况下向水厂和工业园区供水；特殊情况下向外河排水 |

香河湖应急备用水源地一级保护区范围为堤防临水侧堤顶圈围起的整个陆域和水域范围；二级保护区范围为东至烧香河南段西堤坡脚排沟西岸，南至一级保护区边界外100m范围内的陆域，西至农田排沟东岸、北至徐圩水厂厂区界线。总体布置如图4-2、图4-3所示。

香河湖应急备用水源工程建设涉及水利、住房城乡建设、环保等多个部门，协调内容多，建设难度大。建设初期较多注重库区主体工程部分，未对配套输水泵站及管线工程进行同步考虑，造成输水泵站及管线工程的设计、施工进度落后于库区主体工程。在水库主体工程完成后，方进行输水泵站的取水头部工程，导致二次开挖。

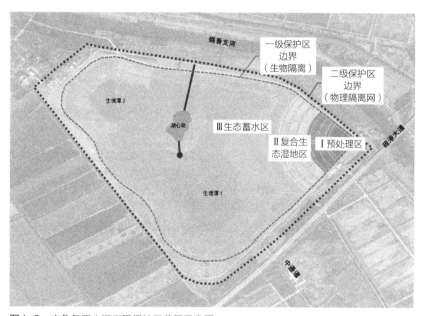

图4-2 应急备用水源工程保护区范围示意图

图4-3 应急备用水源工程预处理区及复合湿地净化区

取水头部工程建设过程受到水库成品保护、土壤脱盐施工和水生态蓄水施工的影响，采取了搭设钢板桩围堰措施，清除围堰内淤泥后再进行水下作业。导致工程投资增加约200万元，并给工程建设整体进度带来严重影响。

因此结合本工程建设中出现的问题提出以下几点思考：

（1）加强工程项目管理，根据工程项目的特点建立科学的工程项目管理架构，项目管理单位组织工程设计、施工等参建单位，形成对工程建设项目的整体认识和安排，及时会商并解决工程建设中存在的问题。

（2）工程建设初期做好整体规划工作，以终为始设置目标，梳理工程建设中可能出现的问题。对工程建设的技术方案，应邀请相关部门进行多方论证，避免出现以上问题。

（3）工程施工过程中加强各部门之间的统筹工作，避免信息沟通不畅而导致工程建设衔接出现问题。当工程建设涉及单位较多时，宜建立专门的统筹部门。

### 4.2.2　工程系统工艺

香河湖应急备用水源工程主要包括取（引）水系统、生态净化及蓄水系统和输（退）水系统三大部分，如图4-4所示。

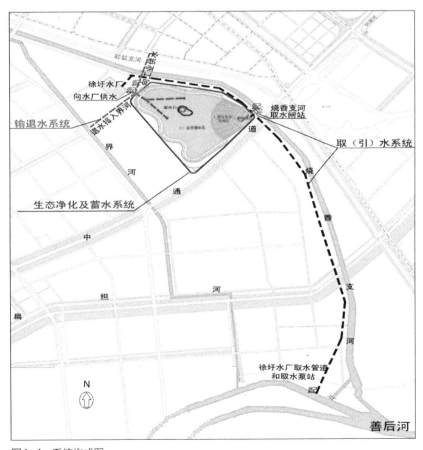

图4-4　系统构成图

## 1. 取（引）水系统

香河湖应急备用水源工程取（引）水系统采用2种方式，如图4-5所示：一种是在烧香支河水质较差而不具备输送水的情况下，利用徐圩水厂的取（引）水系统从善后河进行取（引）水；另一种方式是待烧香支河水质改善具备送水条件后，利用烧香支河引水入水源地。

香河湖应急备用水源工程近期采用第一种取（引）水系统，工程包括取水泵站、原水输水管道和局部管道改造工程。其中善后河取水泵站设计规模19万m³/d，泵站共设置4台水泵，其中3台水泵功率为355kW，流量为3150m³/h，扬程为28m；另外1台水泵功率为90kW，流量为1320m³/h，扬程为16m。取水泵站出水口建设了7.75km的 *DN* 1200双线供水管道供给水厂，同时在洋桥变电所附近连接工业原水输水管道。

远期采用第二种取（引）水系统，在应急备用水源地南端、烧香支河西侧新建1座取水泵闸，采用自引为主，泵引为辅的取水方式，在烧香支河取水口水位满足75%保证率水位时，采用自流取水，当取水口水位低于75%保证率水位时，启用泵站取水。

## 2. 生态净化及蓄水系统

生态净化及蓄水系统是香河湖应急备用水源工程的重要组成部分，主要由预处理区、复合湿地净化区、生态蓄水区三个功能分区组成，总占地面积约199.07万m²。其中，预处理区占地面积约6.73万m²，其水面面积约5.40万m²；复合生态湿地净化区占地面积约21.47万m²，其水面面积约18.73万m²；生态蓄水区占地面积约129.93万m²，其水面面积约118.53万m²。

预处理区是本工程设计的前置单元。根据工艺流程，本单元采用前端进水前池、后端

**图4-5　取（引）水系统布置图**

生物接触氧化的工艺，其主要功能是初步改善善后河原水中的SS（悬浮物指标）、NH₃-N（氨氮含量指标）、COD$_{Mn}$（高锰酸盐指数）等污染物质，提高水体DO（溶解氧），提高水体的可生化性功能。预处理区主要分为3个部分，依次为进水前池、沉淀区、生物接触氧化区。原水通过进水前池进行初步沉降并通过溢流堰1进行布水，后通过配水挡板进行均匀布水，改变水体流态。水中大颗粒的泥沙在进入沉淀区域后进行沉淀去除，水体再通过配水渠和溢流堰汇入生物接触氧化区，通过微泡增氧机和人工介质的共同作用，水中部分胶体、细颗粒及有机污染物被填料吸附降解，起到水质预处理的作用。

复合生态湿地区是本工程设计的核心单元。根据工艺流程，本单元主要的限制性水质指标为COD$_{Mn}$和TP（总磷含量），由挺水植物区及沉水植物区串联而成，是进一步去除水体营养物质、净化水质的重要场所。复合生态湿地区主要为立体复合式表流湿地，由上层的挺水植物、水下的沉水植物、微生物及土壤共同作用，高效发挥湿地拦截、净化等功能。复合生态湿地区共有8个单元，每个单元由6个小区块组成，沿水流方向依次为挺水区→沉水区→挺水区→沉水区→挺水区→浮叶区。湿地滩面底标高均为1.4m，湿地沟渠底标高均为0.7m，常水位1.65~1.80m之间。湿地滩面主要种植芦苇和狭叶香蒲，沟渠主要种植刺苦草、篦齿眼子菜、小茨藻和菹草。

生态蓄水区是本工程设计的最后一个单元，是工程应急用水的主要储存场所，也是生态湿地净化工程的保障单元，具有储水，水质维护与改善、降低有机物及营养盐，降低水体浊度、色度以及改善区域生态景观等功能。根据徐圩新区生产、生活用水应急备用需求，生态蓄水区的有效库容设计为450万m³，满足徐圩水厂和第二水厂10天不间断供水需求。为防止水体在蓄存过程中发生富营养化现象，发挥水体自净功能，一方面，在库区设计了浅水岸带，通过设置高等水生植物滨岸带以抑制藻类生长堆积；另一方面，通过蓄水主库的不同水深的营造，构建多样化的库底地形，同时通过太阳能循环增氧系统的辅助作用，加快水体的更新周期，防止水库富营养化，提升区域生态景观。

3. 输（退）水系统

输（退）水系统的主要任务包括：①当善后河上游来水量不足，或善后河发生突发污染事件时，应急供水期间启用输水泵站向徐圩水厂和工业园区应急供水；②当水源地内部需要正常退水或者水质出现异常情况时，承担应急备用水源地内部的正常或应急性退水功能。退水系统主要是利用水厂输水泵站出水管道将退水排入工程西侧的界河。

输（退）水系统工程主要包括应急备用水源地内部取水头部工程、水厂输水泵站、工业园区应急输水泵站及相应的配套管道工程。其中水厂输水泵站、工业园区应急输水泵站位于应急备用水源地的东北角。退水泵站主要由9台泵机组成，其中5台大泵供应工业园区，2台小泵供应徐圩水厂，2台小泵专用于水库退水。大泵流量为3938~4594m³/h，扬程为31~29m，电机功率为500kW，电压为10kV；取水小泵单泵流量为2200m³/h，扬程为14m，电机功率为132kW，电压为380kV；退水小泵单泵流量为3750m³/h，扬程为14m，电机功率为125kW，电压为380kV。

### 4.2.3 水质分析

#### 1. 现状水质分析

根据水质监测数据，近年来善后河取水口水质在全年有部分时段不能达到地表III类水标准，超标指标主要为有机污染物和营养盐污染物，特征污染物为氯化物。结合相关研究成果，初步判定其水质有如下特征。

善后河取水口水质在一年中出现两个超标峰值区间，分别为1~4月，7~9月，且表现为不同污染类型。其中7~9月的汛期水质超标指标主要有：DO、$COD_{Mn}$、$NH_3-N$等，这主要由汛期持续降雨以及农田回归水引起的面源污染造成。1~4月水质超标指标主要有：$COD_{Mn}$、TP（总磷量）、氯化物等，且在此期间水体pH值持续升高，有逼近上限之势，这可能主要是由于上游来水受善后河闸闸门渗漏，海水倒灌等因素影响，上游污水一方面受到了顶托，非持久性污染物在冬季降解缓慢有关。善后河取水口原水水质情况如表4-2所示。

善后河取水口原水水质情况　　　　　　　　　　　　　　表4-2

| 关注指标 | 年平均值 | 年最大值 | 超III类情况 | | | | 水质情况分析 |
|---|---|---|---|---|---|---|---|
| | | | 概率 | 平均超标倍率 | 最大超标倍率 | 最长持续时间 | |
| pH值 | 7.95 | 8.85 | 0 | 0 | 0 | 0 | 水体偏碱性，12~次年4月份高于5~11月份，冬季高于另外三季 |
| 浊度 | 31.7 | 220 | — | — | — | — | 5、6月份明显高于其他月份 |
| $COD_{Mn}$ | 5.66 | 11.9 | 34% | 26% | 98% | 70d | 1、2、3、7、8月份持续超标，9月份部分时段超标。一年出现两个峰值，分别是冬季和夏季，冬季高于夏季 |
| $NH_3-N$ | 0.45 | 4.24 | 10% | 116% | 324% | 26d | 7月份持续超标，8月份部分时段超标，1月份偶尔超标 |
| 氯化物 | 256 | 743 | 27% | 59% | 197% | 90d | 1~4月份持续超标 |
| DO | 8.1 | 1.7 | 7% | 28% | 66% | 16d | 7、8月局部时段超标 |
| TP | 0.069 | 0.22 | 8% | — | 10% | — | 局部时段超标 |

#### 2. 进水水质分析

香河湖应急备用水源工程的主要任务是当善后河水质恶化时，通过调蓄库容可持续10天供应徐圩新区生产、生活用水，因此在设计进水水质分析前，剔除持续严重超标10天以内的情况。善后河原水在不同季节条件下水体污染特征不同，根据2013—2015年徐圩水厂善后河取水口的日监测指标进行排频统计，对$COD_{Mn}$、$NH_3-N$、DO分别按照冬春季（12月~次年5月）和夏秋季（6~11月）时段中95%保证率取工程设计进水水质。

香河湖应急备用水源工程的水质目标为：水质不低于入库水质，以保障新区供水安全。由于设计进水水质中TP、NH₃-N等营养盐指标相对较高，在较长的水力停留时间条件下，蓄水水库有发生水体富营养化的风险。因此，从保障供水安全的角度，需要对进库水体进行适当的净化，并辅以水动力改善等措施，水质净化目标参照地表Ⅲ类水进行控制。由分析可知，在设计进水水质条件下，冬春季的进水水质较好，仅有COD$_{Mn}$、TP超过Ⅲ类，改善要求分别为12%、9%；夏秋季水质的COD$_{Mn}$、NH₃-N、TP、DO超过Ⅲ类，其改善要求分别为26%、52%、17%、35%。工程设计进水水质及其达标要求如表4-3所示。

工程设计进水水质及其达标要求　　　　　　　　　　表4-3

| 项目内容 | 冬春季（12月~次年5月） | | | | 夏秋季（6月~11月） | | | |
|---|---|---|---|---|---|---|---|---|
| | COD$_{Mn}$ | NH₃-N | TP | DO | COD$_{Mn}$ | NH₃-N | TP | DO |
| 设计水质（mg/L） | 6.8 | <1.0 | 0.22 | >5 | 8.1 | 2.1 | 0.24 | 3.7 |
| 参考值（mg/L） | 6.0 | 1.0 | 0.2 | 5 | 6.0 | 1.0 | 0.2 | 5 |
| 改善需求 | 12% | — | 9% | — | 26% | 52% | 17% | -35% |

### 4.2.4　工艺方案

#### 1. 总体工艺流程

香河湖应急备用水源工程整体水质维持工艺的要求为水质不低于入库水质，保障新区供水安全，满足有效库容可保证连续10天的总应急供水量，同时具有能够适当改善水质、降低富营养化风险的功能。

从维持改善水质、防治富营养化角度出发，统筹考虑不同污染指标的改善途径，结合徐圩水厂制水工艺，从避免工艺重复、充分发挥不同工艺优势、水源地与水厂各司其职的角度出发，本工程选择了投资及运维费用较低、效果稳定、可长期维持且适用于大规模微污染原水的净化技术，并将之进行有机组合，同时结合水库生态景观效果营造功能，选取以生物、生态净化法为主，适当辅以物理调控措施的整体水质维持工艺。采用物理—生物—生态法相结合的水质维持改善总体工艺，具有效果好、供水稳定性高、占地面积小、施工简便、维护工作量小的特点。

香河湖应急备用水源工程的工艺流程采用"前置预处理、中端功能湿地及后置生态调蓄库"的组合工艺。该工艺将原水由河道直取转换为经湿地改善、湖库调蓄供水的旁路处置模式，采用"降浊活化、脱氮除磷、调蓄备用"的模块化处理流程，以满足工程建设的水量、水质和应急备用的三重目标。整体工艺流程的运行调度原则包括以下三方面。①善后河来水水质在满足设计要求水质条件下，按正常取供水规模将原水依次经预处理区、复合生态湿地区、生态蓄水区后输送至自来水厂（图4-6）。②当善后河来水水质相对较差（接近或超过

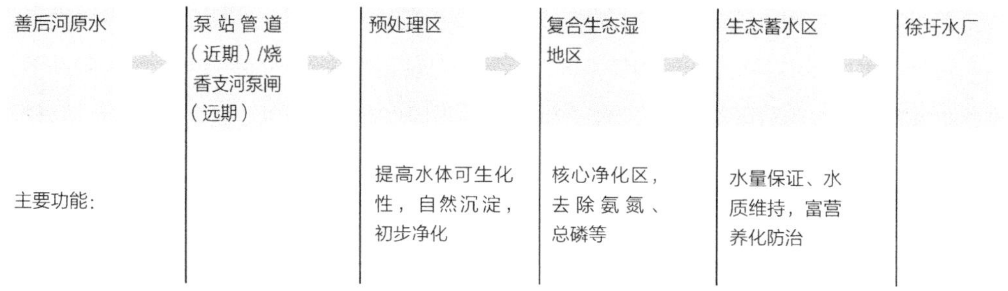

| 善后河原水 | 泵站管道（近期）/烧香支河泵闸（远期） | 预处理区 | 复合生态湿地区 | 生态蓄水区 | 徐圩水厂 |
|---|---|---|---|---|---|
| 主要功能： | | 提高水体可生化性，自然沉淀，初步净化 | 核心净化区，去除氨氮、总磷等 | 水量保证、水质维持，富营养化防治 | |

图4-6 水质改善工艺流程示意

设计水质）时，较高浓度的营养盐会对蓄水期间水质安全保障有不利影响，可在短期内通过降低原水取水规模来延长预处理区、复合生态湿地区的水力停留时间，以强化水质改善效果；当来水水质情况恢复后，再加大进水水量补充蓄水区的消耗水量。③当善后河发生污染事故时，关闭工程原水取水口，启用库区应急备用水源向水厂供水；外河污染事故结束后，重新启用原水取水口门，向库区补水。

## 2. 预处理区工艺

预处理区的主要功能是改善善后河原水中的部分SS、TP、$NH_3$-N等污染指标，提高水体DO，提高水体的可生化性功能，从而初步净化水质，为后续复合生态湿地区减轻污染负荷，缓解湿地堵塞淤积，延长湿地的使用年限。该区通过前端挖深进行扩容沉淀，同时由于水体较深，水力停留时间较长，可起到一定的厌氧作用，从而提高水体可生化性；后端设置微生物载体与强化曝气装置，采用好氧生物处理法去除水体$NH_3$-N和部分$COD_{Mn}$，对预处理区出水效果进一步保障。

预处理区的核心净化工艺为生物好氧处理环节，适用于本工程水质特点的成熟工艺主要有生物接触氧化、曝气生物滤池、生物滤床等，其中生物接触氧化、生物滤床工艺已在国内类似原水净化工程中予以应用，因此主要对此两类工艺进行比选。由表4-4可知，虽然生物接触氧化工艺的净化作用在一定程度上会受到季节变化的影响，但其建设、运行和维护难度及成本均要显著低于生物滤床，且不存在反冲洗排泥的问题，考虑到善后河原水在冬季水质条件相对较好，对污染物去除的需求不高，推荐采用生物接触氧化工艺。

预处理区净化工艺比选        表4-4

| 项目 | 生物接触氧化 | 生物滤床 |
|---|---|---|
| 建设难度 | 原位安装，较简单 | 涉及结构处理，较复杂 |
| 投资成本 | 中等 | 较高 |
| 净化能力 | 较好 | 较好 |
| 工艺稳定性 | 冬季净化效果有所下降，需要注意保温 | 主体位于地下，保温性能相对较好 |
| 堵塞情况 | 不堵塞 | 易堵塞 |

| 项目 | 生物接触氧化 | 生物滤床 |
|------|------------|---------|
| 水头损失 | 较小 | 较大 |
| 操作维护 | 较简单，主要工作量为填料和曝气装置的检修、脱落生物膜的清理 | 较复杂，需要定期反冲洗排泥，曝气设备和反冲洗设备检修需要开挖 |

### 3. 复合生态湿地区工艺

复合生态湿地区是生态净化工程核心组成部分，是进一步去除水体营养物质、净化水质的重要场所。该区需要充分利用人工湿地"植物—根系微生物—土壤"复合生态系统的水质净化机理，利用物理、化学和生物的三重协调作用，通过过滤、吸附、共沉、离子交换、植物吸收和微生物分解，实现对水体各类污染物，尤其是$COD_{Mn}$、$NH_3-N$和TP的高效去除。近年的研究还发现，人工湿地工艺对一些重金属，以及环境内分泌干扰物等不在地表水环境标准指标范围内的"三致物质"也有较好的去除效果，将之运用于水源地工程中，可进一步保障原水水质安全。

人工湿地工艺按照系统布水方式的不同，可分为传统表流湿地、潜流湿地（包括水平流、垂直流），近年来出现的根孔湿地、复合生态湿地等工艺也在类似水源工程中予以应用。结合类似工程实际运行经验，从建设、运行、管理多个角度进行比选（表4-5），从善后河水质微污染的特点出发，采用效果有保障、运行管理较便捷、在同等处理规模下占地面积较小的复合生态湿地工艺。

生态湿地区净化工艺比选 表4-5

| 项目 | 表流湿地 | 潜流湿地 | 根孔湿地 | 复合生态湿地 |
|------|---------|---------|---------|------------|
| 建设难度 | 简单 | 涉及结构处理，较复杂 | 中等 | 较简单 |
| 投资成本 | 低 | 高 | 较高 | 中等 |
| 净化能力 | 一般 | 较好 | 较好 | 较好 |
| 表面负荷 | < 0.1m³/（m²·d） | <0.5m³/（m²·d） | 0.2~0.5m³/（m²·d） | 0.4~0.8m³/（m²·d） |
| 工艺稳定性 | 冬季净化效果下降明显 | 净化效果相对稳定 | 冬季净化效果下降明显 | 冬季净化效果可保持 |
| 堵塞情况 | 不易堵塞 | 易堵塞 | 易堵塞 | 不易堵塞 |
| 占地面积 | 非常大 | 适中 | 适中 | 适中 |
| 操作维护 | 简单 | 填料淤塞后维护复杂 | 较简单 | 简单 |

### 4. 生态蓄水区工艺

生态蓄水区是香河湖应急备用水源工程蓄水水量的保障单元，除满足应急蓄水库容外，该区还主要承担水体自净和富营养化防治的功能。应通过合理构建库区形态与布水方式，从"多点布水、水平推流、垂向紊动、表层溢流"的水力调控与"生境构建、群落配置、生物操纵、监控反馈"生物维护技术两大层面开展设计研究，营造平衡完善的水生态系统，使水体在蓄水过程中充分发挥生态自净功能，起到进一步净化并稳定水质、防止富营养化的作用，确保水库供水安全。

通过对水质净化效果和出水水质预测分析，在设计进水条件下，净化工艺出水水质的各个指标均可达到地表水II~III类标准。其中在夏秋季$COD_{Mn}$、$NH_3$-N、TP的去除率预计可分别达到41%、78%、69%左右，DO可提升约160%；在冬春季$COD_{Mn}$、$NH_3$-N、TP的去除率预计可分别达到29%、59%、64%左右，DO可提升约54%。

### 4.2.5 水源地生态设计

#### 1. 采用紧凑型辐流式水体生态净化系统

针对以往大型生态净化工程设计中布水、输水和集水系统运行调度复杂，占用大量土地资源、布水条件不均匀等问题，本工程的布局整体呈现扇形辐流式格局（图4-7），沿水流

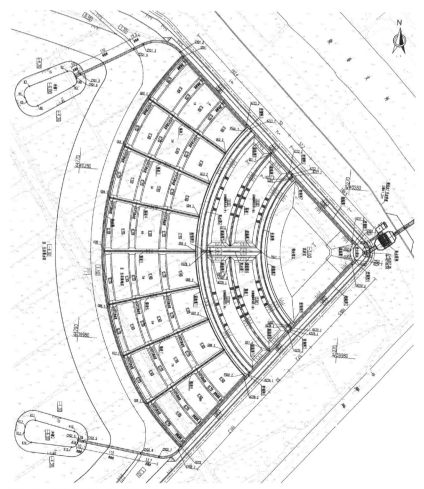

图4-7 紧凑型辐流式水体生态净化系统

方向依次设置沉淀池、生物接触氧化池和人工湿地，沉淀池和人工湿地均沿前后方向延伸，生物接触氧化池沿左右方向延伸；生物接触氧化池的进水端通过第一水渠与沉淀池相连通，出水端通过第二水渠与人工湿地相连通。通过该布局可使水体在净化过程中，先沿前后方向流动、再沿左右方向流动、最后沿前后方向流动，整体流动路线呈曲线状，延长了水体流动距离以及净化时间，增强了净化效果。采用此种结构布局，不仅使生态净化系统的整体空间结构更为紧凑，大幅减少了各类输配水构筑物的数量与用地面积，且各净化单元布置更加趋于合理，可实现不同单元之间的灵活调度与超越，构建的管护通道网络排列有序，便于湿地后续收割管护、放空、超越功能的实现，有利于运行调度与管理维护。

**2. 采用开放密植交错、多级布水的高效净化表流湿地**

相比潜流湿地和复合生态湿地工艺，表流湿地具有结构简单、建设成本低、不易堵塞等优点，适用于微污染水体净化，但其净化效率不高，水力停留时间短，面积过大会容易形成死水区，且植物密度较大时易发生病虫害与倒伏问题。

为解决上述问题，香河湖应急备用水源工程提出了一种多级布水、开放密植交错的表流湿地的设计方法，可显著提升湿地的脱氮除磷与增氧功能，实现水质的高效净化。其特征在于平面上分为多个净化单元并联运行，各单元通过配水堰进水，通过布水渠溢流向滩面均匀布水，不同单元之间采用兼具交通功能的隔埂分离，湿地沟渠之间采用联通管串联，便于运行管护且可实现单元动态轮作。各单元滩面交替种植挺水植物和沉水植物，从而形成放开、密植交替格局，可防止湿地短流与植物过密倒伏问题，营造多个串联的"A/O环境"。其中种植挺水植物的区域水深约0.3m，发挥拦截净化与吸附作用，同时营造厌氧环境，同步实现降低悬浮物和反硝化功能；种植沉水、浮叶植物的区域水深约1m，发挥多级布水、延长水力提留时间和沉淀功能，同时营造好氧环境，实现硝化功能。湿地出水通过末端跌水堰向生态蓄水区进水，跌水堰表面铺设卵石，水体在跌水过程中与石块相互撞击，起曝气增氧、景观营造作用。目前本创新设计正在策划专利申请。

**3. 采用四位一体湖库水生植物滨岸带系统**

为满足蓄水库容需求，湖库型生态净化水源地的蓄水单元往往占地面积较大，会造成水面吹程较长，位于下风向的湖滨带结构淘刷严重。且由于蓄水库具有应急功能，如遇外河水质持续性恶化或突发污染事件，则蓄水湖库需要持续利用库容保障供水，这会造成湖库水面的下降，导致滨岸带的脱水与库周水生植物的死亡。以往设计的盐龙湖、蔷薇湖项目采用了单级沉水植物滨岸带的设计方法，并采用外围土埂进行保水，上述工程在运行一段时间后，发生了下风向土埂淘刷与水土流失问题，造成水生植物难以生长。

香河湖应急备用水源工程创新性地提出了一种集水质净化、防风消浪、景观营造、水位保持功能四位一体的湖库水生植物滨岸带系统。在高程设计上，充分考虑了不同水位条件下对结构的保障、水生植物生长与生境多样性营造，整体上分为两级植物种植平台：其中挺水植物平台位于堤前，宽度0~40m不等，高程设置于常水位下0.1~0.4m，并在挺水植物平台外侧设置石笼护脚防冲和消浪，由于挺水植物耐旱性能强，水位短期下降后不影响生长；沉水植物平台位于挺水植物平台外侧，宽度0~40m不等，高程设置于常水位下1.1~1.4m，可发挥水质净化功能。在平面设计上，改变以往顺直生硬的设计手法，充分考虑风向与景观营造功能，构建的滨岸带外形弯曲错落，更加生态自然，加宽下风向挺水植物平台的宽度以起到更好的防护效果，对于位于侧风向或上风向的岸线则加宽沉水植物平台宽度，从而营造亲水型岸线。

## 4.3 施工技术措施

### 4.3.1 土方工程施工措施

香河湖应急备用水源工程原场地多为养殖鱼塘，高程为2.5~3.5m，根据项目设计，库区底部高程为-4.3m（局部为-5.3m），项目平均开挖深度达8.0m，外运土方约850万m³，运距15km。应急备用水源库区开挖范围内土壤均为淤泥及淤泥质土，在土方开挖、运输等方面存在较大难度。

土方开挖采用分段分层法，各部位开挖施工时，按由中心向四周、四周1：6放坡、自上而下的原则进行。土方开挖施工顺序为：施工准备→测量放线→鱼塘排水、晾晒→修筑便道→表层土收集→土方外运→边坡开挖→边坡修整→下一循环。

在施工过程中出现了一些难点，如施工道路布置问题、施工现场排水问题、土方开挖方法问题、弃土运输及管理问题等，具体情况阐述如下。

**1. 施工道路布置**

由于工程场地均为养殖鱼塘，其地质条件差，环境复杂，为满足土方开挖施工需要，库区开挖前先进行了场地排水、修筑施工便道等土方开挖外运准备工作。为保障车辆运输安全，节约施工成本，场地内所有施工便道均采用1m厚灰土硬化，施工时全程铺设2cm厚钢板。同时为提高外运出土量，施工中修筑了5条运土车辆进出主便道，主便道为双向走车便道，主便道每隔100m设置故障车辆处理平台一处，保证故障车辆不影响其他车辆的正常运输，同时沿着主便道分设不同的支便道便于取土。现场施工由于全部采用钢板铺设，因此施工时要密切关注天气情况，避免雨天施工。现场施工照片如图4-8所示。

**2. 施工排水措施**

香河湖应急备用水源工程湖底设计

图4-8 库区土方开挖现场施工照片

高程为-4.3m、-5.3m，开挖深度约8m，施工前采用先挖探坑复测地下水位，防止地下水位过高无法直接开挖施工。经复测，地下水位对开挖基本无影响。

开挖施工时，根据现场勘查情况，库区可直接开挖明沟进行排水，施工时整体上沿提防坡脚位置环整个施工区域开挖排水龙沟，场内分块施工时沿便道开挖排水支沟，然后每隔50m垂直于支沟设置数条小排水沟，小排水沟将场内雨水汇入支沟再由支沟汇入排水龙沟。主排水沟宽2m，深1.5m，支排水沟宽1m，深1m。此外，在沿外围河道位置设置集水坑，在排水龙沟的基础上，四周加宽2m，下挖1m。利用潜水泵将集水坑中的积水排入两侧河道。同时为避免场外水流进入开挖区内，沿取土区周围开挖截水沟（截水沟通向主排水沟）进行截流。

### 3. 土方开挖方法

因工程范围内土质承载力极差，开挖必须一次性到位，以免造成失稳事故，因此采用了干法开挖。结合土层分类，现场原地面标高约2.6m，湖底设计标高为-5.3m至-4.3m，开挖深度为7~8m之间，采用分两层开挖到湖底设计标高。第一层开挖深度约3m，开挖至标高-0.4m的位置，边开挖边刷边坡，向后环形开挖30m后，上层30m便道翻至第二层铺设并开始第二层施工；第二层一次性开挖至湖底设计标高-4.3（-5.3）m，开挖的同时修整边坡。湖底安置双倍的挖掘机和运输车平整及运送土方。土方开挖采用挖掘机直接挖装、20方后8轮自卸汽车运输的方法进行施工。具体流程如图4-9所示。

土方开挖从上到下水平分段分层依次进行，施工中随时做成一定的坡势，以利排水，开挖过程中应避免边坡稳定范围内形成积水。正常开挖时开挖放坡为1:4，随挖随走，在现场收工之前，提前1h调整开挖坡比至1:6，以防止夜间塌方。

库区土方开挖根据机械配备情况和地质条件合理安排施工时间、开挖段长度、开挖方式，充分准备，精心组织，集中力量进行机械化快速施工，做到"快开挖、早完工"，确保工程质量。开挖时采取环湖分块分段开展作业面，进行全线开挖，并使各区有独立的出土道

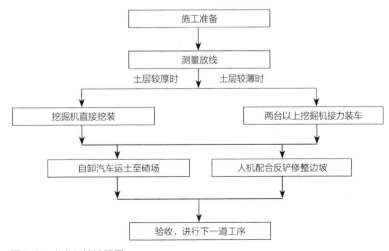

图4-9 土方开挖流程图

路和临时排水设施。每一区开挖完毕，及时进行坡面修整，做好引排水工作，以确保开挖面干燥无水。

机械开挖土方时，接近设计坡面时采用反铲削坡，实际施工的边坡坡度应适当留有人工修坡余量（0.1~0.2m厚），再以人工整修至设计要求的坡度和平整度。

### 4. 弃土场规划及管理

香河湖应急备用水源工程需开挖约850万m³土方外运至新区其他场地回填，而回填场地现状多为海水养殖鱼塘，为保障弃土场能够满足库区土方开挖外运需要，施工单位在进行库区场地排水、便道修筑时同步进行了弃土区场地排水、便道修筑等施工。因填土区场地便道使用频次较库区低，因此填土区便道采用50cm厚灰土加2cm厚钢板进行修筑。在正常填土期间将专门安排1台挖掘机进行填土区域的便道维护工作。为满足填土区域的正常排水，保障便道正常使用，沿填土区三边分别设置排水沟，深0.8m，底宽0.5m，并沿便道开挖小排水沟，形成排水网络，将填土区雨水就近排入现状河道。

### 4.3.2 主要构筑物施工

根据库区生态净化工艺以及工程总体布局的需要，香河湖应急备用水源工程主要由外围大堤、进水前池、收集渠、配水渠、超越渠、控制闸、溢流堰、跌水堰、湖心岛测亭、桥梁等构筑物组成。

### 1. 大堤工程

考虑库区运行期维护及管理需要，库区外围大堤堤顶采用适应地基变形能力较强的沥青混凝土路面，其余隔堤堤顶采用土路面。外围大堤堤顶道路按双向两车道设计，路宽取6m。沥青路面结构自上而下分别为：0.04m厚细粒式沥青混凝土、0.06m中粒式沥青混凝土、0.16m厚水泥碎石稳定层、0.16m厚水泥碎石稳定层、0.4m厚12%石灰土和0.8m厚8%石灰土，两侧设素混凝土路缘石。

### 2. 水工构筑物

为了有序引导水流流动，在库区布置有进水前池、收集渠、配水渠、超越渠、控制闸、溢流堰、跌水堰和湖心岛水文测亭等水工构筑物。主要渠道水位及断面尺寸如表4-6所示，建成效果如图4-10所示。

主要渠道水位及断面尺寸表　　　　　　　　　　　表4-6

| 渠道 | 设计水位（m） | 渠顶顶高程（m） | 渠底顶高程（m） | 渠道净宽（m） |
|------|------------|---------------|---------------|---------------|
| 进水前池 | 1.60 | 2.90/1.55 | −0.50 | — |
| 收集渠 | 1.45 | 1.45/1.80 | −0.50 | 2.00 |
| 配水渠1 | 1.45 | 1.45 | −0.50 | 2.00 |
| 配水渠2 | 1.30 | 2.00/1.30 | −0.70 | 2.00 |
| 超越渠1、2 | 1.60~1.00 | 2.50 | −0.40 | 2.50 |

### 3. 湖心岛及桥梁

香河湖应急备用水源工程结合工程生态工艺和景观布置，在生态蓄水区设置了湖心岛，岛面高程≥3.30m，在外侧环湖大堤与湖心岛之间设置一座桥梁，桥全长约350m，桥面宽5.0m，湖心岛南侧布置水文测亭一座，测亭栈桥总宽3.5m，总长80m，如图4-11所示。

为了保证湖心岛坡面的稳定性，在临水侧构筑了10m宽种植平台，种植平台下方边坡坡比按1∶12布置，并在坡体中下部设置石笼护脚。种植平台上方边坡坡比按1∶6布置，边坡高度1.4m范围内的坡面采用生态混凝土砌块护坡。

图4-10 水工区完成图

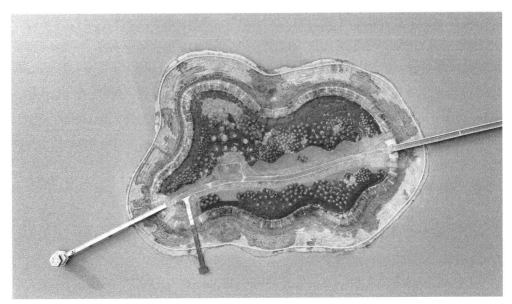

图4-11 湖心岛完成图

## 4.4 脱盐工程技术

### 4.4.1 土壤脱盐的意义

徐圩新区香河湖应急备用水源工程地理位置临近海岸，成陆时间较短，受海潮和海水型地下水的双重影响，该区域土质具有盐分重、养分含量低、土壤盐分组成以氯化物为主的特点。工程所在位置库底土壤含盐量大于2%，为盐化土壤。为有效解决库区土壤盐分释放造成的土壤盐化问题，必须进行土壤脱盐工作，从而保障徐圩新区应急备用水源地正常运行和供水水质安全。库区土壤脱盐不仅有效地改善了湖库水体盐度，也为后期水生态系统的构建提供了物质基础。

为保障项目库区土壤脱盐施工顺利推进，通过现场近一年的实验室模拟、现场小试、现场中试和模型分析，同时鉴于工程场地土壤渗透性极差（渗透系数仅为$2 \times 10^{-7} \sim 4 \times 10^{-7}$cm/s）的客观情况，最终采用"机械带水搅拌再换水"的方式，将库底表层20cm厚的土壤盐度脱至0.4%。

### 4.4.2 脱盐方案设计

#### 1. 工艺设计

土壤脱盐主要采用了物理溶出法——"翻耕→淋洗→机械高压旋喷冲洗"工艺。首先围绕水库、湖心岛，沿1.1m高程平台开挖一道明渠，明渠宽3m、深0.4m，明渠端头设置闸门，并修建水量调节池，调节池与超越渠相连。利用推土机、挖掘机将库区坡面、库底及生境潭底的表土进行剥离，表土剥离深度为表层以下20～30cm，剥离的土体进行风化破碎处置。

利用开沟机对坡面开沟，沟深0.3m、宽0.3m、间距2m。自1.1m平台至库底沿坡面布设PVC打孔管，管道间距1m，管道顶端接入1.1m平台明渠。生境潭顶部四周修建0.5m高的围堰，与库底区域隔离。

脱盐作业时，从泵闸取水经超越渠进入1.1m平台明渠，明渠内水深控制在0.3m左右，明渠水自流进入坡面PVC管，再由PVC管管孔流出达到对坡面的淋洗效果。库底采用机械高压旋喷冲洗处理，坡面淋洗尾水进入库底，作为库底高压旋喷冲洗处理水源。库底冲洗作业完成后，在生境潭顶部围堰扒口，将库底脱盐作业尾水引入生境潭，作为生境潭高压旋喷冲洗处理水源。同时利用现场架设的临时水泵将部分尾水抽排至库区外，待抽排至生境潭水深约0.3m时，对生境潭开展机械高压旋喷冲洗，最后利用水泵将生境潭剩余尾水排出。脱盐施工结束后，将库区脱盐土壤恢复原貌。

#### 2. 进水设计

土壤脱盐取水水源为烧香支河，现状烧香支河氯离子浓度约970mg/L，前期引善后河水置换烧香支河水，待烧香支河水体氯离子浓度降至低于250mg/L后取水脱盐，后期利用取水泵闸引少量善后河水（氯离子浓度约150mg/L）进行最后脱盐作业。

土壤脱盐共进行了20次作业，按单次脱盐作业耗水定额0.3m³/m²，脱盐施工面积141万m²，适当考虑预留部分用水余度计算，单次脱盐作业用水量约45万m³。脱盐取水利用库区新建取水泵闸，取水泵闸设计取水能力10m³/s（86.4万m³/d），为满足脱盐用水需求，单次取水需开闸0.5天。库区取水布置图如图4-12所示。

**3. 排水设计**

通过在施工现场布置多台临时水泵向烧香支河排水，临时水泵设计总排水能力30万m³/d，单次脱盐作业总排水量约为45万m³左右，单次排水作业用时1.5d。为保障排水通道畅通，在水库大堤上开设了排水口3处，同时为避免外排尾水影响进水水质，在烧香支河建设围堰一座。排水口及烧香支河围堰位置如图4-13所示。

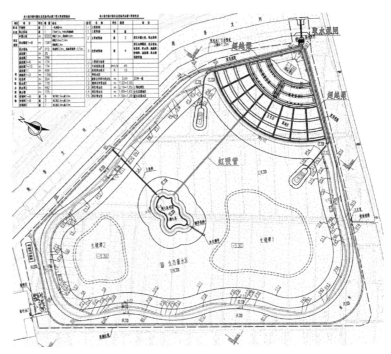

图4-12 库区取水布置图

图4-13 排水布置图

围堰修筑于烧香支河泵闸下游约380m处。围堰将烧香支河分为东西两段，东段上游连接善后河，用于泵闸引水；西段下游入海，用于排水。脱盐尾水通过库底排水系统向生境潭汇集。排水口1、排水口2主要负责排出生境潭1内的脱盐尾水，排水口3主要负责排出生境潭2内的脱盐尾水。

排水口1为现有排水口，为单根直径1m管道，排水口2及排水口3计划利用开槽埋管施工工艺穿过水库大堤，脱盐施工尾水直接排入烧香支河。每个排水口位置布置一根1m直径管道，共布置3根直径1m排水管道，按满流计算，最大过流速度取2m/s，单根管道最大过流能力约为1.5m³/s，总最大过流能力为4.5m³/s（38.8万m³/d），与临时水泵排水能力匹配。

### 4. 水质和土壤检测

为加强过程控制，在库周及岛周共设置5处检测站，每周进行检测，1～4号检测站位于库周，5号检测站位于岛周，如图4-14所示，每处检测站布置4个检测点。

图4-14　水质和土壤检测点布置图

为便于实时掌握现场脱盐效果，分别采用便携式土壤盐度计和便携式水质盐度计检测仪进行监测（图4-15）。在施工过程中利用水质监测仪每天对脱盐进水进行监测，一旦发现进水盐度上升，立即停止进水，待外河道水质变优后再进行进水，保障脱盐工程的进水水质；每天对出水水质进行监测，实时掌握脱盐盐度

图4-15　土壤盐度计和水质盐度计

释放情况；利用土壤盐度计每周按照布点进行土壤盐度监测，实时掌握土壤脱盐效果，对效果未达到预期的区域进行加固脱盐处理。

### 4.4.3 脱盐施工过程

#### 1. 旋耕与开沟

在施工之前先进行库区积水排除、晾晒、封堵盐卤井等工作。库区共查找出36个盐卤井泉孔，根据泉孔水压的不同，分别进行处理：低水压盐卤井：下挖2m，用防水材料加固；高水压盐卤井：开挖4m×4m×4m（长×宽×高）土坑，先用塑料薄膜覆盖，再用防水材料加固，如图4-16所示。

为了使土壤盐分充分析出，利用旋耕机将脱盐区域进行旋耕，以增加土壤颗粒的表面积。脱盐区域如图4-17所示。

旋耕结束后在1.1m高程平台开挖围堰（图4-18），形成进水渠，渠宽3m、深0.4m；在-4.3m库底开挖围堰，形成排水沟，沟宽3m、深0.4m。在1.1m和0.1m平台末端开挖小围堰（高0.3m），作为储水浸泡冲洗平台。在坡面上每隔2m开一道沟（图4-19），沟宽0.3m、深0.3m，在

图4-16　封堵高水压盐卤井现场图片

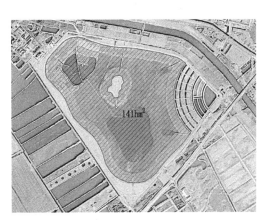

图4-17　脱盐区域范围图

图4-18　1.1m高程平台围堰开挖现场图片

图4-19　坡面开沟现场图片

0.1m平台末端沿坡面每10m布设一根φ60PVC打孔管，引水淋洗坡面。施工断面如图4-20所示。

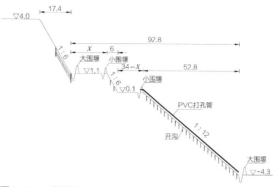

图4-20 脱盐施工断面图

### 2. 冲洗、淋洗与旋耕

平台冲洗脱盐。1.1m、0.1m平台采用蓄水+泥浆泵冲洗的方式脱盐，蓄水深度达0.2m后，利用泥浆泵冲洗土壤（图4-21），冲洗深度0.2~0.3m。经过12次反复冲洗、静置、排水，水体氯离子浓度由1000mg/L降至250mg/L。

坡面淋洗脱盐（图4-22）。在坡面上每隔2m开挖一道沟，沟宽0.3m、深0.3m，在0.1m平台末端沿坡面每10m布设一根φ60PVC打孔管，引水淋洗坡面，使盐分析出，土壤盐度由4%降至0.8%。

库底旋耕脱盐（图4-23）。库底采用蓄水+旋耕的方式脱盐，蓄水深度达0.3m后，利用旋耕船旋耕，旋耕深度为0.2~0.3m。反复旋耕、静置、排水8次。将水体氯离子浓度由原1000mg/L降至250mg/L。

图4-21 平台泥浆泵冲洗现场图片

图4-22 坡面淋洗现场图片

图4-23 库底旋耕现场图片

### 3. 二次旋耕与冲洗

平台二次旋耕冲洗（图4-24）。平台二次排水、晾晒后，利用旋耕机旋耕，旋耕深度为0.2～0.3m。然后进行冲洗，要求反复冲洗、静置、排水10次。

图4-24 平台二次冲洗现场图片

坡面二次旋耕、冲洗。水库蓄水至高程0.0m后，利用旋耕冲洗船边退水边进行旋耕、冲洗作业，同时将坡面恢复原样。在坡面冲洗完成后，为防止水分蒸发造成坡面返盐，在坡面上铺设土工布并洒水保湿（图4-25）。二次旋耕、冲洗后土壤盐度降可至0.1%～0.3%。

图4-25 土工布覆盖保湿现场图片

库底二次冲洗（图4-26）。最后利用旋耕冲洗船对库底进行旋耕冲洗作业，要求反复旋耕冲洗、静置、排水5次。

香河湖应急备用水源运行数月后，经过数次检测，库区水体的氯离子浓度一直低于集中式生活饮用水源地地表水源标准限值（250mg/L），且在检测期内氯离子浓度波动较小。因此脱盐工程技术的运用较为成功，实现了该备用水源工程的建设目标。

图4-26 库底旋耕冲洗现场图片

## 4.5  环境工程技术

### 4.5.1  水生态工程技术

水生态建设采用了"前置预处理、中端功能湿地及后置生态调蓄库"的组合工艺，通过模块化处理流程，结合湿地生态系统净化功能，提升供水原水水质，降低$COD_{Mn}$、$NH_3-N$、TN（总氮含量）等主要指标，以满足水源地建设的水量、水质和应急备用的三重目标。工程的主要实施内容包括：生物接触氧化区生物介质安装，约336960m；复合湿地区和蓄水区水生植物种植，约282414m²；水生动物放养，约28910kg；20台微泡增氧机及16台太阳能循环曝气机安装；生态石笼安装，约6064m³。受土壤盐度较高的影响，水生植物基本选择了耐盐碱植物，同时为保障水生植物存活率和生长状况，对沉水植物种植区进行了土壤二次改良，进一步为水生植物的生长创造了条件。水生态工程总体布置如图4-27所示。

**1. 水生植物**

水生植物主要包括沉水植物、挺水植物、浮叶植物等。沉水植物种植品种有矮型苦草、刺苦草、小茨藻、篦齿眼子菜等，主要种植在复合生态湿地区及生态蓄水区，种植面积106582m²。种植流程如图4-28所示。

挺水植物种植品种有芦苇、狭叶香蒲、再力花、黄菖蒲、千屈菜、西伯利亚鸢尾等，主要在复合湿地净化区及生态蓄水区种植，种植面积169766m²。浮叶植物种植品种以多色睡莲为主，主要在复合湿地净化区，种植面积6066m²，其种植流程与沉水植物类似。

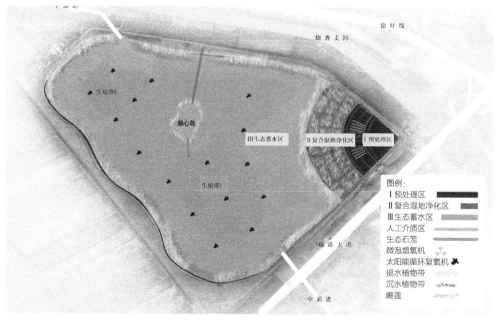

图4-27  水生态工程总体布置图

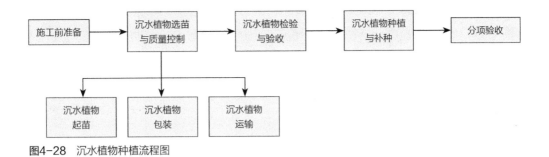

图4-28 沉水植物种植流程图

水生植物规格如表4-7所示。

水生植物规格                                                                 表4-7

| 名称 | 规格 | 备注 |
|---|---|---|
| 菹草 | 不小于 0.1kg/ 丛（水分控干 15 分钟后重量），最小 12 丛 /m² 或 50 株 /m² | 耐寒型 |
| 刺苦草 | 不小于 5 株 / 丛，高度不小于 20cm，最小 12 丛 /m² | 耐寒型 |
| 篦齿眼子菜 | 不小于 5 株 / 丛，高度 25~35cm，最小 12 丛 /m² | 耐寒型 |
| 小茨藻 | 不小于 5 株 / 丛，高度 25~35cm，最小 12 丛 /m² | — |
| 矮型苦草 | 不小于 5 株 / 丛，高度 15~25cm，最小 12 丛 /m² | 耐寒型 |
| 狭叶香蒲 | 株高不小于 40cm，最小 9 株 /m² | — |
| 芦苇 | 3~4 个芽 / 株，最小 9 株 /m² | — |
| 再力花 | 株高不小于 50cm，最小 9 株 /m² | — |
| 黄菖蒲 | 株高不小于 30cm，最小 12 株 /m² | — |
| 千屈菜 | 株高不小于 50cm，最小 12 株 /m² | — |
| 西伯利亚鸢尾 | 株高不小于 30cm，最小 12 株 /m² | — |
| 花叶芦竹 | 株高不小于 50cm，最小 12 株 /m² | — |
| 睡莲 | 3 5 芽 / 株，最小 3 株 /m² | 耐寒型 |

### 2. 水生动物

水生动物是水生态系统构建的重要环节，本区域放养的水生动物主要以滤食性鱼类为主，同时投放少量的肉食性的乌鳢。其放养流程如图4-29所示。水生动物放养前再次进行小规模试养，以确定该种类能否在本水体成活。同时，通过观察挑选出健康、活性强的个体。根据各类群水生动物生长特性，在适宜季节进行合理放养，鲢鱼、鳙鱼于春夏季放养，乌鳢于秋冬季放养。

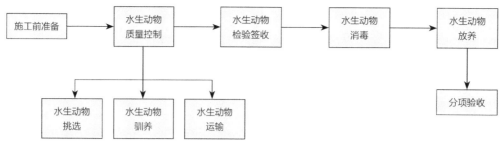

图4-29　水生动物放养流程图

### 3. 生物介质

生物介质主要由生物绳、无纺土工布组成，生物绳单根长1.8m，安装在接触氧化区，迎水布置，可为曝气后微生物的迅速繁殖提供大量的附着载体。在对底部区域进行护砌后，浇筑10cm厚C20素混凝土，用U形固定件将钢管框架固定在底部护砌，最后将生物介质固定于钢管框架上如图4-30所示。

### 4. 土壤二次改良

为确保工程的水质净化目标以及植物的耐盐需求，工程选用的沉水植物品种有耐盐性较强的小茨藻、篦齿眼子菜和菹草，以及耐盐性一般、净化能力较强的刺苦草和矮型苦草。在以水质净化为目标，水生植物存活为前提的条件下，结合现状土壤盐度以及植物耐盐度的分析，为确保矮型苦草和刺苦草的正常生长和存活，需对矮型苦草和刺苦草种植区域的土壤进行二次改良处理，再次减少土壤中钠离子（$Na^+$）的含量，降低土壤的盐度。使工程区域的土壤生境条件以确保符合水生植物正常生长需求。土壤二次改良区域如图4-31所示。

结合库区土壤含盐量情况，选用盐土底质改良剂对常规性植物种植区域土壤进行二次改良处理。盐土底质改良剂主要成分为硫酸钙（$CaSO_4$），含量为90%~95%，含水率一般为10%~15%，含有丰富的硫（S）、钙（Ca）、硅（Si）等植物必需的有益矿质元素，较天然石膏颗粒小，易溶于水，是较好的盐土改良剂。

底质改良剂的使用量应不小于4g/kg（土）即1.62kg/m$^2$（使用厚度15cm，选择晴天

图4-30　生物介质安装图

施用，底质改良剂的泼洒应均匀、不遗漏，确保整个施工区域的土壤都进行彻底的泼洒。泼洒完成后进行翻耕或施水浇灌处理。如选用机械翻耕处理，宜采用旋耕的方式，保证盐土底质改良剂与土壤混合均匀，以达到最佳改良效果。土壤改良后生态系统构建效果如图4-32所示。

**5. 阶段性引水稀释**

阶段性引水主要在调试期间进行，根据不同类型的指标要求（水生态构建盐度要求、饮用水盐度要求），参照库区水体盐度监测数值，确定换水时间。从水生态构建盐度要求考虑，当水体盐度超过0.4%限度时，应进行引水稀释处理。为保障换水后水体盐度符合植物生长要求，根据相关计算以及我司工程经验，单次换水量50万m³效果最佳，既能保证水体

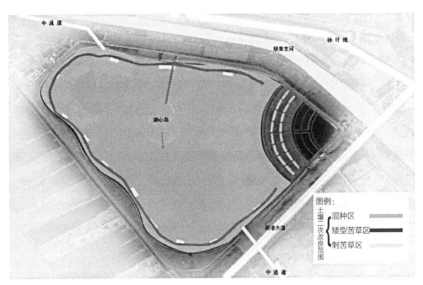

图4-31 土壤二次改良区域

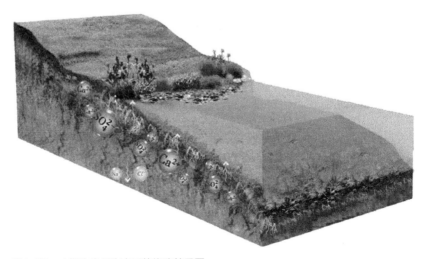

图4-32 土壤改良后生态系统构建效果图

盐度稀释效果，同时也能降低经济消耗。换水时间控制在5d。引水稀释时间一般选择在降雨天，充分利用天然降水资源，减少补水量，节约经济成本。库区换水断面标高如图4-33所示。

### 6. 沉水植物调整

土壤二次改良、阶段性引水稀释皆为外来辅助性措施，旨在为水生植物的生长营造良好的生境条件，皆为短期性建设目标规划。在库区土壤盐度未能满足常规植物健康生长的前提时，为确保水源地拥有长期、稳定的生态自净功能，确保水源地的水质、盐度等多方面指标能够长期达标，项目在运营调试期间，对水体盐度进行定期监察，当水体盐度变化情况符合常规植物种植要求时，在确保水质净化和水生态系统稳定的前提下，对库区耐盐性沉水植物进行群落的演替，替换为便于养护的矮型苦草，以降低后期库区水生态运行维护成本。

## 4.5.2 景观工程技术

香河湖应急备用水源景观工程是一道绿色生态屏障，可以降低水源地的污染风险，发挥水土保持的作用，还可以提高水源地的景观效果，丰富整个徐圩新区的生态景观。香河湖应急备用水源地绿化区域面积约35万$m^2$，其中湖心岛面积约1.5万$m^2$，总体采用环湖大堤周边铺设草皮、湖心岛种植部分乔灌木的方案，在环湖大堤上铺设草皮可起到水土保持作用，避免雨天泥水进水库区，在湖心岛种植乔灌木在起到消浪作用的同时也可满足景观效果。因工程场地土壤盐度较高，必须换填土方才能满足绿化种植要求，而换填土方将大幅提高绿化工程造价，因此为了节约成本，在大堤堆筑完成后，定期采用旋耕机对大堤表层20cm土壤进行翻耕排盐，尤其是雨季和冬季来临前对大堤土壤进行了加密翻耕。图4-34为翻耕排盐施工现场图片。

经过近2年的土壤翻耕排盐，库区大堤表层20cm土壤盐度已由原1.0%降至0.4%左右，能够满足直接铺设草皮的施工要求，极大地降低了绿化施工成本，现库区近20万$m^2$铺设草皮区域全部未换填土方，草皮生长状态良好（图4-35）。

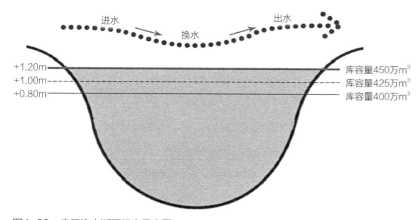

图4-33 库区换水断面标高示意图

图4-34 绿化区域翻耕排盐

图4-35 绿化施工实景

## 4.6 运维技术措施

### 4.6.1 运维管理目标

为了加强香河湖应急备用水源地保护和水体污染防治，保障水厂和工业园区饮用水源安全，香河湖应急备用水源地管理遵循科技先导、联动监管、预防为主、防治结合的目标导向，确保项目按设定目标要求正常运行，制定主要管理目标如下。

运行管理目标：在日常运行管理过程中，需确保项目水体水质达标，主要水质指标满足《地表水环境质量标准》GB 3838—2002中规定的Ⅲ类水标准的同时，水体中氯离子浓度需满足生活饮用水标准，出水氯离子浓度小于250mg/L。

应急管理目标：当发生突发性污染事件时，要及时启动应急监测、紧急处置、信息发布等各项程序，同时细化水污染发生在不同地点、河段、时间及不同污染程度时所采取的不同处置方案与调度措施，做好应急处理。

风险防控目标：针对区域内连续降雨、干旱、植物病虫害、补水水质污染等情况进行及时防控处理，确保问题得到及时解决。

在运维管理目标的指导下，香河湖应急备用水源工程采取了诸多运维措施，本节主要介绍特殊工况运维措施、库区水体监测与评价、生态系统维护管理三方面内容。

### 4.6.2 特殊工况运维措施

香河湖应急备用水源工程的运维包括常规工况和特殊工况两种模式，当库区水质满足规范要求时，仅需日常运行管理以及水力调度，以便维持项目正常运行。常规工况运维措施主要为泵站日常取水退水调度、预处理区及复合生态湿地区的日常维护，整体工作难度较小，因此本节着重介绍特殊工况运维措施。特殊工况包括枯水期、善后河水质异常、库区水体异常、土壤返盐等。具体运维措施分述如下。

#### 1. 枯水期

善后河处于流域最下游，整体水位和来水流量易受上游的影响。受上游沭阳农业灌溉用水等因素影响，每年6～7月间的农业用水高峰期，善后河的水量严重不足。加之上游区域被水闸控制，无来水补给，导致善后河下游水位骤减，且水位低于善后河取水泵站取水标高，最终造成徐圩水厂和工业区无补给水源。当这种情况发生时，启动备用水源应急调水作业，将生态蓄水池的储备用水通过管网输送至徐圩水厂和工业区，以满足徐圩水厂用水和工业原水用水需求。

#### 2. 善后河水质异常

（1）善后河上游突发污染

善后河处于流域最下游，受上游影响，有可能会因上游污染型企业的污水泄漏、偷排、通航船只和运输车辆（特别是危险化学品运输）事故等，导致善后河原水发生化学污染。为保障徐圩新区香河湖应急备用水源地的供水安全，必须采取措施对原水发生化学污染情况进行预警，并立即采取应对措施保障该工程的供水安全。

1）预警措施

原水化学污染的预警主要包括环保部门的指令预警、善后河泵站水质自动监测系统预警、工作人员定时的色味观测预警，以及上游鱼类等水生动物活动表征预警等4个方面。

①环保部门的指令预警。原水化学污染的预警主要依靠政府环保部门的水质监控网，因此工程管理人员需保持与环保部门的密切沟通。在接收到上游污染事故的预警信号后，立即采取应对准备。

②善后河泵站水质自动监测系统预警。善后河泵站水质自动监测系统包含水质数据预测和预警模块，具有水质突发报警和污染物识别功能。系统利用内置的预警模型计算当前水质

模型变量，并根据模型变量的变化进行分析预警，可以有效预警突发性水质变化。若发现指标异常问题，立即采取关闭闸门或停泵措施，并将水样送到实验室进一步检测分析是何种原因引起的上述指标异常，若排除有毒有害的污染物影响，且指标异常问题停止，可恢复进水。

③工作人员定时的色味观测预警。由于原水受到的化学污染物大多为非常规监测指标，因此，善后河泵站工作人员每30分钟对原水进行一次水体色度及嗅、味指标的检测，若发现指标异常，立即采取关闭闸门或停泵措施，并进行进一步检测分析是何种原因引起的上述指标异常。若排除有毒有害的污染物影响，且指标异常问题停止，可恢复进水。

④上游鱼类等水生动物活动表征预警。鱼类等水生动物是水质受到化学污染的第一受害者，若善后河上游河道中鱼类等水生动物发生活动异常或死亡的现象，应采取关闭闸门或停泵措施，并分析鱼类死亡的原因。若排除有毒有害的污染物影响，且指标异常问题停止，可恢复进水。

2）应对措施

善后河原水污染具有发生地点不确定、污染物不确定、发生时间突然等特点。主要通过环保部门的指令，工作人员定时的色味观测以及上游鱼类等水生动物活动表征观测等方面对原水化学污染进行预警。在收到预警信号后，根据污染带的位置，采取停泵或预补水再停泵的措施。

当上游原水发生化学污染后，根据污染带与取水口的位置关系进行判断，若污染带离上游较远，可立即加大进水量进行适当补水，以增加库区的供水储量；若污染带已接近或到达取水口位置，应立即停止进水。待确认污染影响结束后，再恢复泵站的正常进水。

在善后河水质变化初期，提前增加进水量，增加生态蓄水区水体蓄积量，同时加大善后河原水水质监测力度，结合水质自动监测站的数据，进行水力调度。

当善后河水质指标处于湿地净化限度以下时，控制备用水源前置湿地的进水流量，增加水体的停留时间，从而提高水质的净化效果。

当善后河原水水质严重超标时，停止善后河取水泵站进水，同时跟踪监测善后河水质变化情况，当水质符合要求后，再进行进水操作。

（2）农田集中排水期水体污染

1）原因分析

由于善后河流经农业区域，当每年6~7月间农业用水结束后，农业灌溉用水将集中性回归河道，导致善后河水体呈现黑臭现象，且水质严重超标。该阶段徐圩水厂将无法在善后河进行取水作业，导致水厂出现缺水的现象。为保障徐圩新区正常饮用水供给以及工业区工业用水供给，在此期间需进行应急用水调度，以满足缺水需求。

2）应对措施

当善后河水质发生变化无法满足原水水质供应要求时，停止善后河取水泵站取水，同时启用备用水源应急调水作业，将生态蓄水池的储备水源通过管网输送至徐圩水厂和工业区，以满足徐圩水厂用水和工业原水用水要求。

备用水源只能满足连续10d的应急用水调度，为确保水源地长时间供水需求，在农田集中排水之前，应提前进行水源地高水位蓄水操作，为后续的应急用水调度提前做准备。同时在应急用水期间，需时刻关注善后河水质情况，当水质好转时，启动善后河泵站补水，日补水量控制在9万m³/d，不超出湿地的日处理限值。

### 3. 库区水体异常

（1）库区盐度超标

1）库区进水盐度变化情况

善后河原水氯离子（Cl⁻）平均浓度约为150mg/L，根据原位中试研究成果，脱盐完成后库区初次引水蓄水时，受水流扰动等因素影响，水体氯离子（Cl⁻）浓度会在蓄水过程中快速升高，对应大库区的水土接触面积和常水位蓄水水量，经计算，初次进水蓄水期库区氯离子（Cl⁻）浓度相较进水会增加8mg/L左右，即初次进水蓄水至常水位后，库区水体氯离子（Cl⁻）初始浓度为158mg/L。

2）库区氯离子浓度超标处理

近期处理措施：

为确保库区水体氯离子（Cl⁻）浓度不超过生活饮用水氯离子（Cl⁻）浓度限值250mg/L，同时为降低企业用水成本，尽可能保障库区水体氯离子（Cl⁻）浓度接近善后河进水值。从库区水质健康和氯离子（Cl⁻）浓度控制角度出发，运行调度过程中将保证库区4万~5万m³/d的最小换水流量，以保障库区水体氯离子浓度至少在90d内释放量不超出20mg/L，同时初步将库区氯离子浓度限值设定在230mg/L。当发生突发性事故，库区水体氯离子浓度临近超标或超标时，应急备用水源将立即停止往水厂供水，在水质满足工业用水要求时，启动5台工业用水调度水泵，将库区水体输送至工业园区，满足工业用水需求；当库区水质和盐度均超标时，启动退水泵往烧香支河进行排水，退水泵单泵流量为3750m³/h，共2台，预计每天可退水量约18万m³，退水的同时将通过在线监测及人工取样监测的方式对善后河原水进行监测，若水体氯离子浓度低于200mg/L，则在库区退水的同时启动进水，为库区置换水量，保证库区进出水平衡。在换水阶段将每天对库区水体氯离子浓度密切监测，确保其限值在230mg/L以下。

远期处理措施：

通过日常小流量的换水作业，在确保库区水体流动性的同时，也对库区土壤盐度进行不断地稀释处理，使其盐度不断降低。因此，当土壤盐度趋于稳定时，远期将不再考虑土壤盐度对水体的影响，同时日常小流量换水将只考虑水体流动性这一因素。

（2）库区水质超标

当生态蓄水区水质不符合饮用水标准时，将启用退水泵站往烧香支河进行排水，退水泵单泵流量为3750m³/h，共2台，预计每天可退水量约18万m³，退水的同时将通过在线监测及人工取样监测的方式对善后河原水进行监测，当善后河原水水质优良时，每天通过超越渠引水18万m³，使生态蓄水区水量退引平衡，保证生态蓄水区常规蓄水容量；当善后河原水水质较差时，通过前置湿地进行引水，每天引水量控制在9万m³，保证湿地的净化效率。

（3）蓝藻水华

1）产生原因分析

项目运营管理区域范围相对较大，对水生态系统后期运营维护的管理难度加大，在运营过程中，若周边外来污水大量进入，整个工程区域范围内水体中氮（N）、磷（P）等营养盐含量很容易增多，导致水体富营养化，藻类大量繁殖而出现蓝藻水华现象。在每年5~9月水温达到25℃左右时，尤其是晴朗的无风天气条件下，藻类的生长十分迅速，蓝藻水华的现象一旦出现，持续时间很长，使水生生物逐渐减少，影响水生态系统的稳定。另外，藻类的毒素通过食物链，具有促癌效应，影响市民饮用水安全。

2）预防及应对措施

生态蓄水区现状布设了16台太阳能循环复氧机，可通过对水体上、下层混合作用起到藻类抑制作用。在管理过程中，可根据藻类聚集的实际情况适当移动太阳能增氧机的位置，对蓄水区重点关注区域、长期水体流态不佳的区域进行重点防治。

在每年5~9月水温达到25℃左右时，尤其是晴朗的无风天气条件下，藻类的生长十分迅速，此时应重点加强生态蓄水区水质与藻类监测工作。在每日现场巡视的基础上，保证每周开展3~5次水质及叶绿素a的监测，同时定期开展藻类监测工作，以及时掌握库区水质与藻类动态并采取相应措施。

在近期应急备用水源供水规模较小的情况下，宜在夏季对生态蓄水区采取低水位（1.2m左右）运行工况，在必要时还可采取水位波动的措施，以减少水力停留时间，降低蓝藻水华发生的风险。

通过自动监测及人工监测，实时掌握库区水体氯化物浓度的变化情况。一旦发现库区水体有蓝藻水华或氯化物超标的可能，立即通过加快库区水体循环的方式为库区换水，主要措施为：启动出水泵站同时向徐圩水厂和第二水厂进行供水，提高每日出水量，具体出水量根据库区水质情况再行确定，同步加快库区进水量；若水质恶化严重，无法满足水厂使用，则通过出水泵站将库区水体排放至烧香支河，每日排水量约18万$m^3$。

当局部区域爆发蓝藻水华或密度快速增加时，尤其是在夏季（蓝藻水华爆发高峰期），在区域内蓝藻还未大量聚集前应采取应急措施，防止产生次生灾害，相关生态措施如下：①采用拦网将该区域与非爆发区域相隔离，拦网可选择使用孔径细密的尼龙网或铁丝网；②在隔离区域内投放相关滤食性鱼类，如鲢鱼、鳙鱼等，通过生物操作对藻类进行滤食操作，操作完成后，将鱼群用渔网捕捞除去，防止影响库区整体生态链结构稳定性；③如需短期内解决的，可辅以相关设备，短时间内快速消除蓝藻水华，增加水体透明度；④为防止设备或人工打捞造成二次污染，打捞出水的藻类、水面漂浮物等通过车辆或船只直接运送到指定场所堆放，并进行无害化处理。

（4）库区水色及气味异常

造成春季水色及嗅味异常的原因主要包括：未清理干净的水生植物残体在春季气温回升季节加速腐烂分解；硅藻、甲藻及裸藻的大量繁殖。上述情况均可造成春季水色及嗅味异常，同时也会造成COD$_{Mn}$、叶绿素a指标的上升。

如发现上述问题，应组织人力物力，在尽可能短的时间内，集中打捞复合生态湿地区、生态蓄水区残存枝叶；加大原水泵站进水量，打开超越渠上的控制闸1、2、3、4、5、6，使水流通过超越渠直接进入生态蓄水区，缩短水力停留时间，加快水体流速。通常采取上述措施后，水色发红现象将在几天内有所好转。

### 4. 低水位土壤返盐

现状库区已进行了洗盐作业，表层土壤含盐度相对较低。根据现场土壤盐度测试发现，洗盐后的土壤具有良好的防盐渗透性能，表层土壤会形成一层保护层，其渗透率较低，能有效防止地下水位上升造成土壤盐度释放进入表土层。但由于土壤中含砂量较高，黏性较低，在高温季节，土壤易板结开裂，开裂后的土壤表层渗透率增大，底层土壤盐度会通过缝隙释放进入表层土，出现反盐现象。该现象的产生容易导致水体盐度增加，水生植物盐胁迫加大，影响水生植物的生长以及备用水源的正常使用，因此为确保备用水源项目的正常使用，当库区水位过低时，针对无水的区域，应进行临时浇灌处理，保证土壤的含水率，防止土壤产生开裂现象。

### 5. 各功能区特殊工况时的维护管养

（1）预处理区放空

1）适用于预处理区水质污染、清淤、鱼类捕捞、水下设备设施检修等特殊时期。

2）预处理区需放空时，应停止原水泵站进水，同时开启控制闸1~8。将预处理区的水进行自留外排处理。

3）通过控制闸1~8，将水位放到最低高程，如需进一步放空水体，可采用临时水泵抽水向外河排放。

4）关闭生态接触氧化区的微泡增氧机。

5）预处理区放空停运时间应小于7d，维护结束后应立即恢复运行。

（2）复合生态湿地区滩面放空

1）适用于复合生态湿地区滩面植物收割、晒滩、水质异常等特殊时期。

2）挺水植物区滩面放空前，原水泵站停止进水，同时关闭控制闸3和控制闸6。放空主要通过沟渠内的连通管进行，将水位降至1.40m，确保滩面全部露出水面的同时，沟渠内仍有70cm的水位，确保沉水植物成活。

3）根据复合生态湿地区植物维护管理的需要，以及滩面干化的需要，每年定期开展露滩干湿交替工作，露滩运行方式同放空运行。干湿交替的时间一般安排在每年11~12月植物收割时期、4~5月植物萌发时期，宜安排在外河水质较好时开展。

4）秋冬季植物收割干湿交替时间不长于30d，春夏季干湿交替时间不应长于15d。

（3）生态蓄水区沉水植物种植区域放空

1）适用于生态蓄水区水质发生异常，无法满足向徐圩水厂供水要求的特殊时期。

2）关闭原水泵站，启动退水泵往烧香支河进行排水，退水泵单泵流量为3750m³/h，共2台，预计每天可退水量约18万m³。

3）生态蓄水区排水结束后，开启原水泵站向深度净化区进水，并监测生态蓄水区的水质，保障水质达标，确保应急供水时，水质达到供水要求。

4）放空时关闭生态蓄水区太阳能循环复氧机。

5）生态蓄水区放空停运时间应小于24h，换水结束后应立即进行补水作业。

### 4.6.3 库区水体监测与评价

#### 1. 水质监测

（1）自动监测

为了解徐圩新区古泊善后河香河湖应急备用水源地水质变化情况，确保水体水质的长效稳定，在徐圩新区古泊善后河香河湖应急备用水源地进水口和湖心岛各设1个自动监测站点，其中进水口水质监测项目为：五参数（pH、DO、水温、浊度、电导率）、$COD_{Mn}$、$NH_3-N$、TP、TN、氯化物、水位；湖心岛水质监测项目为：五参数（pH、DO、水温、浊度、电导率）、$COD_{Mn}$、$NH_3-N$、TP、TN、氯化物、藻密度、叶绿素a、水位。在线自动监测站点连续监测，一般按每隔2h监测1次，并通过远传方式将数据传送至水库监控中心，实时掌握进水及库区水质变化情况。

（2）常规监测

1）常规监测点位

在香河湖应急备用水源地进水口、上岛桥、湖心岛水文测亭、管理楼前设置4个常规水质监测点，如图4-36所示，作为水质自动监测站点的补充。实施采样监测与自动监测并举，确保水质测报的准确性和提前性，为开展合理有效的水工程调度提供技术支撑和时间保障。

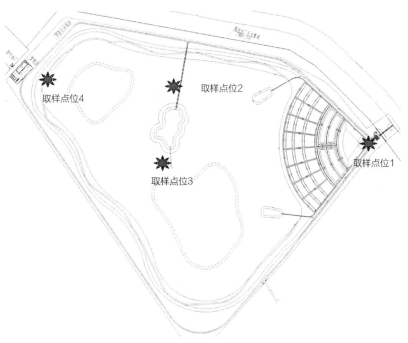

图4-36 水质监测点布置图

2）监测指标及频次

作为对实时监测的补充和数据复核，确定常规水质监测的基本项目为：每周监测9项指标，每月监测29项指标1次，每季度监测32项指标1次，每半年开展1次地表水109项全指标测试。在高温时节，加强库区叶绿素a、总氮、总磷等指标的监测，及时掌握水体的营养水平，预防蓝藻水华的发生。

（3）水质评价

采用单因子污染指数法进行水质评价。单因子污染指数法是将某种污染物实测浓度与该种污染物的评价标准进行比较以确定水质类别的方法，即将每个水质监测参数与《地表水环境质量标准》GB 3838—2002进行比较，确定水质类别，最后选择其中最差级别作为该区域的水质状况类别。

采用水利系统的营养状态指数（EI指数）法进行水体富营养化水平的评价，选取叶绿素a（Chl-a）、总磷（TP）、总氮（TN）、透明度（SD）、高锰酸盐指数（COD$_{Mn}$）为评价指标，采用线性插值法将水质项目浓度值转换为赋分值后，按式（4-1）进行计算。

$$EI = \sum_{n=1}^{N} E_n / N \qquad (4-1)$$

式中　　$EI$——营养状态指数；

　　　　$E_n$——评价项目赋分值；

　　　　$N$——评价项目个数。

营养状态分级为：贫营养（0≤$EI$≤20）、中营养（20<$EI$≤50）、轻度富营养（50<$EI$≤60）、中度富营养（60<$EI$≤80）、重度富营养（80<$EI$≤100）。

2. 底泥监测

底泥质量监测项目主要有以下几类：汞、铅、镉、铜、锌、铬、镍、砷等重金属或无机非金属毒性物质；有机质、总氮及总磷。化验方法采用《土壤环境监测技术规范》HJ/T 166—2004所列方法，样点布设采用分区均匀的网状布点法。预处理区中对4块生物接触氧化区进行分别取样；复合生态湿地区每2个单元进行分别取样；生态蓄水区水生植物种植平台和库区分别采样。土壤环境质量评价等级如表4-8所示。

土壤环境质量评价等级　　　　　　　　　　　　　　　　表4-8

| 界定 | 称谓 | 危害 | 行动 |
| --- | --- | --- | --- |
| 低于第一级值 | 清洁 | 无污染 | 一般防护 |
| 高于第一级、低于或等于第二级值 | 尚清洁 | 一般无污染 | 做好预防 |
| 高于第二级、低于或等于第三级值 | 轻度污染 | 具有潜在危害 | 深入调查 |
| 高于第三级值 | 严重污染 | 具有实际危害 | 采取整治修复措施 |

由于本工程属应急饮用水源地，所以应采用一级标准值，若底泥监测结果高于第一级，

说明已有污染物进入，应予以警惕，及时找出和控制土壤污染源，防止污染物继续进入土壤，切实保护好土壤环境质量。

另外，有机质、总氮及总磷虽然不在《土壤环境质量标准（修订）》GB 15618—2018的标准内，但对水质净化效果有密切的关系，应定期对复合生态湿地区的挺水植物种植区域进行干湿交替，促进底泥中的有机质、氮及磷向环境释放。

### 3. 水体盐度监测

水体盐度监测主要分为常规监测和专业监测两类。常规监测适用于日常性监测，主要利用盐度计直接检测生态蓄水区现场盐度情况，并记录相关监测数据。日常性监测频率为每周1次；专业性监测主要用于了解水体中氯化物的理化组成，监测频率为每季度1次。

水体盐度评价主要以水生植物耐盐性为参考，确保库区水体盐度满足水生植物生长需求。同时水体盐度评价以生活饮用水标准限值250mg/L为标准，确保满足应急用水需求。水体盐度评价如表4-9所示。

水体盐度评价 表4-9

| 名称 | 小茨藻 | 篦齿眼子菜 | 菹草 | 苦草 | 刺苦草 |
|------|--------|------------|------|------|--------|
| 盐度限值 | 15‰ | 8‰ | 5‰ | 4‰ | 4‰ |
| 饮用水标准 | 250mg/L | | | | |

### 4.6.4 生态系统维护管理

#### 1. 水生植物管理

（1）水生植物种类及分布

徐圩新区古泊善后河香河湖应急备用水源项目原设计水生植物共14种，包含挺水植物、浮叶植物和沉水植物三大类型，具体种类如表4-10所示。

水生植物的种类及分布 表4-10

| 序号 | 水生植物 | 种名 | 科属 | 分布区域 |
|------|----------|------|------|----------|
| 1 | | 芦苇 | 禾木科芦苇属 | 复合生态湿地区 / 生态蓄水区 |
| 2 | | 狭叶香蒲 | 香蒲科香蒲属 | |
| 3 | | 再力花 | 竹芋科水竹芋属 | |
| 4 | 挺水植物 | 黄菖蒲 | 鸢尾科鸢尾属 | |
| 5 | | 千屈菜 | 千屈菜科千屈菜属 | 生态蓄水区 |
| 6 | | 西伯利亚鸢尾 | 鸢尾科鸢尾属 | |
| 7 | | 花叶芦竹 | 禾本科芦竹属 | |

| 序号 | 水生植物 | 种名 | 科属 | 分布区域 |
|---|---|---|---|---|
| 8 | 浮叶植物 | 耐寒睡莲 | 睡莲科 | |
| 9 | | 刺苦草 | 水鳖科苦草属 | |
| 10 | | 篦齿眼子菜 | 眼子菜科眼子菜属 | |
| 11 | 沉水植物 | 小茨藻 | 茨藻科茨藻属 | 复合生态湿地区 / 生态蓄水区 |
| 12 | | 菹草 | 眼子菜科眼子菜属 | |
| 13 | | 矮型苦草 | 水鳖科苦草属 | |
| 14 | | 川蔓藻 | 眼子菜科川蔓藻属 | |

（2）水生植物日常管理要求

水生植物的管理维护必需依据各植物特定的生长繁殖周期，进行科学的管理维护。

1）水生植物发生病虫害的可能性较小，若发现有病虫害现象的植物，应及时进行收割清理病株，防止扩散。

2）影响沉水植物生长及挺水植物萌发的因素主要是鱼类，应做好备用水源的鱼类管控措施，减少库区内的草食性和杂食性鱼类数量，保障水生植物的正常生长。

3）水生杂草尤其是入侵种极易与人工栽种的植物抢占生态位，易造成人工栽种植物的衰退，需及时清理。备用水源现场低矮芦苇较多，对挺水植物的生长将造成极不利的影响，因此在挺水植物区出现大面积芦苇时，应立即进行清理。另外，各区一旦发现水花生后应立即清理。

4）加强对景观类水生植物的维护，包括复合生态湿地区的睡莲，以及生态蓄水区的黄菖蒲、千屈菜等。复合生态湿地区的睡莲生长不佳，应及时对区域内的植物进行调整，如修剪、补种、群落结构调整等；当生态蓄水区黄菖蒲、千屈菜等植物由于其他植物的入侵，导致生长状况较差时，建议应及时清除植株间的入侵物种，保证其正常生长，以达到良好的景观效果。

5）在6~9月高温时期，针对挺水植物密集种植区域，需要定期对植物进行疏剪处理，确保植物的通透性，防止种植区域异味的产生以及台风期间植株倒伏现场的产生。

（3）水生植物收割

根据不同的水生植物类型，在其生长茂盛、成熟后应对植物进行及时收割，并处理和利用，应设置专人负责对水生植物进行收割和管理。秋冬季是植物地下根茎和根芽的重要生长期，植物收割能够给第二年植物的生长创造良好的环境。

1）收割期

每年在进入秋冬季节植物枝叶枯萎前对挺水植物进行合理的收割，收割水面以上的植物枯败的残体。冬季运营时保留湿地植物芦苇、鸢尾等枯萎原状，冬季不收割，待来年开春以后在对其进行集中收割，保障来年发芽率。

对于矮型的常绿苦草沉水植物可不进行收割，让其自行繁衍；篦齿眼子菜、小茨藻、苴草等高杆型沉水植物繁殖速度较快，重点在秋冬季进行收割，防止植物长出水面。

2）收割方式

沉水植物在收割季节以割草船收割为主，人工收割为辅，根据沉水植物栽种面积，配套水下割草船2台。挺水植物主要以人工收割为主。

3）收割处置

植物收割后部分植物残体作为乔灌木或挺水植物的堆肥材料及附近林地的覆盖肥料，无法消纳处理的残体运至附近的垃圾焚烧处理厂焚烧处理。

各功能区水生植物收割计划如表4-11所示。

各功能区水生植物收割计划 表4-11

| 序号 | 功能区 | 收割区域及种类 | 收割时间 | 植株收割要求 |
|---|---|---|---|---|
| 1 | 复合生态湿地区 | 狭叶香蒲（滩面） | 11月上旬、中旬 | 地面以上10~15cm收割 |
| 2 | | 狭叶香蒲（沟渠边） | 11月下旬 | 地面以上10~15cm收割 |
| 3 | | 隔埂芦苇及湿生植物 | 10月下旬~11月上旬 | 地面以上5~10cm |
| 4 | | 滩面及沟渠边芦苇 | 11月下旬 | 地面以上10~15cm收割 |
| 5 | 生态蓄水区 | 再力花 | 11月下旬 | 水面以上5~10cm收割 |
| 6 | | 花叶芦竹 | 12月中旬 | 水面以上5~10cm收割 |
| 7 | | 千屈菜 | 12月中、下旬 | 水面以上5~10cm收割 |
| 8 | | 芦苇 | 11月上旬、中旬 | 水面以上5~10cm收割 |
| 9 | | 狭叶香蒲 | 11月上旬、中旬 | 水面以上5~10cm收割 |
| 10 | | 黄菖蒲 | 10月下旬~11月上旬 | 水面以上5~10cm收割 |
| 11 | | 西伯利亚鸢尾 | 10月下旬~11月上旬 | 水面以上5~10cm收割 |

4）收割注意事项

在进行水生植物收割前，应提前安排好所收割植物的处置工作，以便水生植物收割后能够及时移出水体并运出备用水源工程区域，避免这些植物残体对备用水源水质产生二次污染。

收割时应注意收割人员的人身安全，做好防护措施。特别是在生态蓄水区水深较深的区域，收割人员需穿救生衣，防止跌落水中。

复合生态湿地区滩面挺水植物收割至地面以上10~15cm；生态蓄水区挺水植物种植区

收割至1.25～1.5m高程。各区爬藤类植物、水花生等需全部连根清除。

生态蓄水区收割过程中注重对常绿挺水植物（黄菖蒲、西伯利亚鸢尾等）以及沉水植物的保护，以确保冬季生态湿地的净化功能充分发挥。

在收割过程中，加强植物枯枝落叶的清理工作，做到收割完清理完，然后再进行下一个区域的收割工作。在生态蓄水区植物收割完成后清理干净所有植物残体，初期2～3d将生态蓄水区收割区域的"脏水"通过临时水泵排出备用水源地。初期脏水排出后，再恢复正常运行。

（4）水生植物处置要求

植物残体的处理应遵循以下原则：

1）无害化原则：在水生植物生长末期及时收割并移出水体，以避免因植物腐烂对水体造成二次污染；

2）减量化原则：沉水植物和青苔等植物含水量较高，需进行减量化处理，具体措施为选择边坡和道路等空间，晾晒脱水后转运，亦可专门设置堆肥场；

3）资源化原则：水生植物植株可作为工业原料、饲料、燃料等进行资源化处理。

**2．水生动物管理**

（1）现状鱼群种类

徐圩新区古泊善后河香河湖应急备用水源项目现状主要以设计鱼类如乌鳢、鲢鱼、鳙鱼为主，另有非设计品种餐条、鳉科等小型鱼种。

（2）鱼类观测及捕捞

1）日常捕捞

将鱼类观测、捕捞工作纳入库区日常管理工作范围。利用网簖作为鱼类常规监测点，并辅以丝网、地笼等捕鱼措施，跟踪观测备用水源各区鱼类的种类、数量、种群变化和生长状态，保证每旬1～2次的调查频率，如发现鱼类数量或种类不能满足库区控鱼要求，及时开展捕鱼工作。捕鱼工作中所捕获的草食性鱼类应予以全面清理，滤食性、肉食性鱼类则采取抓大放小原则，将鱼类总量控制在每亩30斤以下。

2）年底清捕

一般情况下，每年冬季对成熟的鱼类进行选择性捕捞。预处理区捕鱼可以采用拖网的方式；复合生态湿地区捕鱼可以采用降低水位清塘的方式；生态蓄水区内沉水植物较多，为了保护植物不受伤害，可以采用网簖、丝网及抛网等方法进行捕鱼。

（3）定期鱼类投放

备用水源用于投放的人工繁殖的鱼类物种，应当来自持有《水产苗种生产许可证》的苗种生产单位。用于增殖放流的亲体、苗种等鱼类应当是本地种。鱼类苗种应当是本地种的原种或者子一代，正常情况下，备用水源需投放的鱼类以鲢鱼、鳙鱼、乌鳢为主。如需放流其他鱼类，应当通过专家论证。禁止投放外来种、杂交种、转基因种以及其他不符合生态要求的鱼类物种。

### 3. 生态系统运维计划

备用水源地生态系统运维按月进行，具体内容如表4-12所示。

水源地生态系统年度运维表　　　　　　　　　　　　　　　　表4-12

| 月份 | 工作内容 | 人工（人） | 注意问题 |
|---|---|---|---|
| 1月 | 水源地保洁，包括Ⅰ级保护区范围内的水域范围以及Ⅱ级保护区范围内的陆域范围 | 1 | 水渠等死角位置需要重点关注，避免垃圾堆积 |
| 2月 | 1. 水体保洁；<br>2. 清除青苔，在气温10℃以下清除已经出现的青苔；<br>3. 杂草收割清除 | 1 | 重点关注青苔的发展状况 |
| 3月 | 1. 水体保洁；<br>2. 清除青苔，争取气温10℃以下完全清除干净；<br>3. 清除狐尾藻、菹草等杂草。狐尾藻连根拔除，菹草可收割 | 1 | 在2~3月，青苔生长慢，此时控制住青苔，可事半功倍 |
| 4月 | 1. 水体保洁；<br>2. 清除青苔，2~3月青苔控制力度不够的话，此时要花大力度清除，方法可人工与生物相结合；<br>3. 清除狐尾藻、菹草等杂草。狐尾藻连根拔除，本月重点清理狐尾藻 | 1 | 在2~3月青苔控制十分重要。控制青苔最有效的方法就是趁早清除，及时清除，杜绝覆盖沉水植物 |
| 5月 | 1. 水体保洁；<br>2. 清除青苔，杜绝漂浮水面，人工打捞；<br>3. 清除狐尾藻、菹草、眼子菜等杂草，杜绝狐尾藻、菹草、眼子菜不露出水面，岸边杂草全部清理；<br>4. 部分挺水植物的修理，如黄菖蒲果实收割，收割时间一般在花朵凋谢的时间节点上 | 1 | 光照强度大时，青苔比较容易浮出水面，要注意及时打捞 |
| 6月 | 1. 水体保洁；<br>2. 清除青苔，杜绝漂浮水面；<br>3. 清除碱蓬、海蓬子、水花生等杂草；<br>4. 苦草收割，株高较高的品种及时收割，一般收割保持在水面以下20~30cm | 1 | 重点关注青苔的发展状况，长出水面的沉水植物的维护 |
| 7月 | 1. 水体保洁；<br>2. 清除碱蓬、水花生等杂草；<br>3. 苦草收割，一般收割保持在水面以下20~30cm；<br>4. 挺水植物的修理，及时清除枯黄叶片 | 2 | 7月，青苔一般在温度25℃以上停止生长乃至消失 |
| 8月 | 1. 水体保洁；<br>2. 清除碱蓬、水花生等杂草；<br>3. 苦草收割，一般收割保持在水面以下20~30cm；<br>4. 挺水植物的修理，及时清除枯黄叶片 | 1 | 预防中暑 |
| 9月 | 1. 水体保洁；<br>2. 清除碱蓬、海蓬子等杂草；<br>3. 苦草花丝收割，苦草本月份是开花季节，及时收割花丝，以免花粉飘满湖体；<br>4. 挺水植物的修理，及时清除枯黄叶片 | 2 | 重点是苦草花丝的收割，防止花粉传播 |

| 月份 | 工作内容 | 人工（人） | 注意问题 |
|---|---|---|---|
| 10 月 | 1. 水体保洁；<br>2. 清除碱蓬、海蓬子等杂草；<br>3. 苦草花丝、叶片收割；<br>4. 挺水植物的修理收割，及时清除枯黄叶片，再力花花朵、种子收割，黄菖蒲、千屈菜等半枯黄时齐根收割，注意控制水位；<br>5. 青苔预防清除 | 2 | 本月温度下降，要注意青苔的重新爆发，此时要及时控制 |
| 11 月 | 1. 水体保洁；<br>2. 清除碱蓬、海蓬子等杂草；<br>3. 挺水植物和浮叶植物齐根收割，包括再力花、睡莲等比较晚枯萎的水生植物。再力花也可在翌年 2 月收割；<br>4. 青苔预防 | 1 | 重点是挺水植物的收割 |
| 12 月 | 1. 水体保洁；<br>2. 水生植物枯黄叶片清理 | 1 | 日常保洁 |

徐圩港区地处淤泥质海岸开敞海域，防波堤、围堤工程建设是港区开发建设前期实施的重要内容。对于徐圩港区防波堤、围堤施工，在近岸浅水区采用本地区常用的爆破挤淤填石、清淤置换、充填袋加排水板等斜坡堤结构方法，在离岸较远、水深较深、淤泥较厚处，防波堤工程建设采用创新的桶式基础结构，取得了很好的工程效果，具有水上施工、下沉无需大型设备、施工速度快、造价低、砂石料用料少等特点，该新型水下基础结构被称作桶式防波堤，是国内首个海洋新型桶式基础结构，获得30项专利授权。

为应对港区化工危险品码头及其他方面的风险隐患，徐圩港区规划建设了应急救援指挥中心，构建了港区应急救援体系，对于减少事故发生、降低事故损失有着重要的意义，为港区安全运营提供必要保障。

## 5.1 徐圩港区建设

### 5.1.1 建设背景

国家各级部门高度重视江苏沿海地区重要的战略地位，连云港港作为振兴苏北的龙头及规划沿海区域中心港口，必将在接纳苏南和沿江地区产业转移，加快工业化进程，促进沿海与中西部地区经济协调发展中发挥十分重要的作用。徐圩港区作为连云港港南翼港区的重要组成部分，将成为江苏省及连云港市基本实现现代化的重要依托；徐圩港区背靠徐圩临港产业区，其中包括国家七大石化产业基地之一的徐圩新区石化产业园，徐圩临港产业区对于海上运输的巨大需求，也成为建设徐圩港的重要因素。

### 5.1.2 地理位置与环境

徐圩港区位于连云港市南部小丁港至灌河口之间，即连云港港主港区东南部海岸，是连云港港新开辟的港区。

徐圩港区地处淤泥质海岸开敞海域，所在区域泥面标高在0.0~

−5.0m之间，离岸越远水越深，表层普遍存在7~15m淤泥。

徐圩港区岸线资源丰富，可用于建设的岸线全长26.8km。港区后方陆域宽阔且平坦，原为盐田和海产养殖区。

### 5.1.3 自然条件

#### 1. 气象条件

连云港市位于江苏省东北部，属东亚季风气候。年平均气温15℃，年平均降水量895mm，徐圩港区常风向为北向；多年平均雾日数（能见度≤1km）18.4d，全天有雾时很少；年平均相对湿度71%。

#### 2. 水文条件

沿岸海区主要受南黄海旋转潮波系统控制，附近沿岸潮差变化较小，平均潮差在3.4m左右；本海域属正规半日潮，日潮不等现象不明显；海域常、强浪向均为北北东（NNE）~北东（NE）向，实测波型多为风浪及和风浪与涌浪组成的混合浪；本海域海流以潮流为主，潮流不强，余流一般较小；港址岸线后方有善后河、烧香河、盐河及灌河等主要河流，其中灌河是江苏沿海唯一在干流上没有建闸的河流。

#### 3. 海岸地貌

徐圩港区所在海域位于连云港东西连岛一灌河河口之间，岸段为淤泥质海岸，岸线和水下地形的特点与废黄河三角洲北翼接近，其冲淤演变过程受到黄河尾闾变迁影响较大，淤蚀过程与废黄河三角洲海岸基本连续。由于沿岸海堤防护工程的不断加强，抑止了海岸的侵蚀后退，岸线基本稳定。由于来自南部岸滩侵蚀的泥沙日益减少，海床冲蚀已渐趋平衡，自然冲淤变幅趋于减小。整个海区海床冲淤环境处于泥沙来源减少、冲淤相对平衡、局部略有冲刷的状态。

#### 4. 海岸性质

与连云港港区同属淤泥质海岸，海域波浪不大，潮差中等、潮流不强；水体含沙量较低，航道在大风情况下基本不会产生严重骤淤现象；岸线和岸滩多年来处于冲淤基本平衡、略有冲刷状况，总体趋于稳定；适宜利用丰富的滩涂资源进行围填造地，通过挖填结合的方式形成人工港池。

### 5.1.4 建设意义

徐圩港区开发建设对于徐圩新区临港产业区的发展更是起到至关重要的作用，对于徐圩新区大型产业发展和有大宗原材料和产品进出口企业落户徐圩都是重要的意义，从而使徐圩新区经济发展具备了高起点的条件。

徐圩港区是连云港港发展成为区域性中心港口的重要组成部分，是连云港港拓展港口功能、实现可持续发展的重要支撑。

徐圩港区的建设对于促进连云港港全面、可持续发展具有重要意义，是江苏省调整产业结构、实现江苏沿海地区发展规划的重要基础，是苏北地区及周边部分省市发展外向型经济、加快工业化进程的重要依托，将在优化全省生产力布局、引导产业发展、带动地方及苏北，乃至中西部地区社会经济发展中发挥重要作用。

未来，随着徐圩港区的不断壮大，连云港将真正确立在江苏沿海开发区中的龙头地位，徐圩港区也将被打造成临港产业发展的重要引擎和服务丝绸之路经济带沿线国家和地区的重要出海通道。

### 5.1.5 建设成果与目标

徐圩港区经过10余年的工业开发建设，部分地块已经形成了临港产业区的雏形。2013年启动徐圩港区设施建设，建设内容包括码头、航道、围堤等港口设施。同年12月29日首艘国际货轮"江远扬州号"停靠在徐圩港区10万吨级通用2号泊位上，宣告了徐圩港区实现开港试通航成功。

2014年建成了疏港道路以及与港区和产业配套的铁路，进一步完善了港区的集疏运体系。当年12月7日徐圩港区口岸临时开放后第二天，来自韩国的5000t金百丽液体化工船舶成功停靠徐圩港区液体化工泊位，标志着液体化工码头正式投入使用。

截至2020年已建成5个通用泊位、3个多用途泊位和6个液体化工泊位，正加快建设10个液体散货泊位，整个港区吹填形成10km$^2$陆域。

徐圩港区规划建设30万t级深水航道和113个大中型码头泊位，建成以原油、液体化工、散杂货和集装箱运输为主要功能的产业驱动综合大港。目前，大规模启动的港区重点工程有28项，总投资183.9亿元，港区力争通过3年时间的努力，实现货物吞吐量突破1亿t，并且到2030年，让货物吞吐量达到2亿t。

未来的徐圩港区将依托临港产业区的发展，逐步成为为腹地经济和后方临港工业服务的综合性港区；重点为后方石化等临港产业提供海上运输服务，以干散货、液体散货和件杂货运输为主，逐步发展集装箱运输；具备装卸仓储、中转换装、运输组织、现代物流、临港工业、综合服务等多种功能。徐圩港区码头实景如图5-1所示。

图5-1　徐圩港区码头

## 5.2 港区规划与设计

### 5.2.1 港区总体规划

徐圩港区以满足后方临港工业的发展为主要目标，兼顾周边地区的货物中转。港区岸线资源丰富，后方工业用地充足，建设岸线全长26.8km，后方多为盐田和养殖区。目前重点建设埒子口以西12.6km港口岸线，埒子口以东岸线作为预留港口岸线。具体情况如图5-2所示。

徐圩港区采用双堤环抱式布局，港内突堤与顺岸相结合的布置形式，面积约74km$^2$，其中形成陆域面积48km$^2$，形成码头岸线35km，规划建设30万t深水航道和113个大中型泊位，规划吞吐能力4亿t。徐圩港区以湾内突堤和挖入式港池相结合，共建有6个港池，4个突堤，如图5-3所示。港区主要由四大功能区组成：

**1. 液体散货泊位区**

为后方临港工业区炼油化工等相关石化产业服务。

**2. 干散货泊位区**

为临港工业区钢铁产业所需各类原材料、辅料及其他物质运输服务，预留煤炭转运功能。

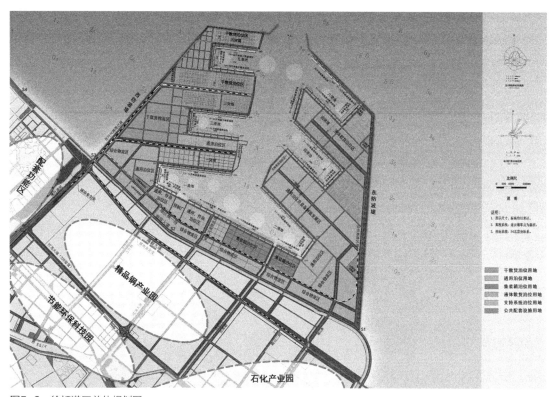

图5-2  徐圩港区总体规划图

### 3. 通用泊位区

建设5万~15万t级的多用途和通用散杂货码头，为钢铁产业成品运输及临港工业区所需原材料、产品、设备及其他各类物资进出服务。

### 4. 集装箱码头作业区

建设5万~10万t级大型集装箱码头岸线、场地及其相应发展空间，近期建设部分通用及多用途码头，远期为腹地集装箱货物提供中转运输服务。

## 5.2.2 陆域规划

码头岸线后方陆域依次布置码头作业区、港区主干道、后方作业区和物流园区、铁路装卸场及其联络线、公路快速集疏运通道。为满足港区集装箱物流的长远发展，港前大道北侧与集装箱作业区之间作为预留集装箱物流区加以控制。

根据徐圩港区的功能定位，干散货泊位区码头建设标准为3.5万~40万t级，通用泊位区码头建设标准为1万~15万t级，集装箱泊位区码头建设标准为3万~15万t级，液体散货泊位区码头建设标准为2万~10万t级液体散货泊位和30万t级原油泊位。

### 1. 码头作业区

（1）干散货泊位区

口门西侧五港池和三港池北侧、西侧岸线规划为干散货泊位区。五港池宽850m，纵深1730m；三港池宽800m，纵深1970~2227m，两港池之间距离为1740m。干散货泊位区共形成码头岸线长度约7.34km，可建设约24个大中型干散货泊位，为后方钢铁工业所需各类原材料、辅料和临港工业区其他大宗散货的运输服务；未来随着连云港港区煤炭功能调整，三港池可布置专业化煤炭下水泊位，以满足煤炭运输需求。码头后方作业区陆域纵深约0.6~1.0km，占地面积约8.64km²，场区内主要布置专业化的存储设施、皮带机廊道，以及铁路专用站场、装卸线等。在三港池西侧岸线后方布置干散货物流区，占地面积约3.30km²。

（2）通用泊位区

三港池南侧，一港池、二港池东侧、北侧及四港池南侧岸线规划为通用泊位区（其中二突堤规划为通用泊位及装备制造发展区）。一港池底部宽700m，纵深2888m；二港池底部宽800m，纵深2872m；四港池通用泊位纵深2080m。通用泊位区共形成码头岸线长度约14.065km，可建设约50个大中型通用泊位，包括通用杂货泊位、通用散货泊位和装备制造发展泊位等，主要用于支持钢铁工业产成品及其他临港产业物资运输。码头作业区纵深0.6~0.9km，三港池南侧后方占地面积约1.26km²，一港池后方占地面积约5.78km²，二港池东侧和北侧后方占地面积约6.84km²，四港池南侧后方占地面积约3.22km²。通用泊位区后方设置综合物流区以及配套服务区，一港池后方和二港池后方为各类临港产业服务。

（3）集装箱泊位区

一港池、二港池之间东侧岸线规划为集装箱泊位区，共形成码头岸线长约2.95km，可建设约8个各类集装箱泊位，码头作业区纵深0.8km，码头后方占地面积约2.56km²。集装箱泊位区后方设置综合物流区，占地面积约4.47km²。

（4）液体散货泊位区

结合港区分区规划，将口门东侧六港池、四港池北侧、东侧岸线规划为液体散货泊位区，近口门处，布置大型原油泊位。六港池宽度979m，纵深1960～2630m，四港池宽度860m，纵深2080～2610m，两港池之间距离为1340m。液体散货泊位区共形成码头岸线长度约10.29km，可建设4个大型原油泊位及约27个各类液体散货泊位，为临港工业区石化产业所需各类原料、产成品等物资运输服务。泊位后方作业区纵深0.5～1.0km，占地面积约7.48km²。作为码头生产作业直接用地，作业区内可布置罐区，后方铺设管廊带，与临港石化产业区相连接。

（5）支持保障系统区

徐圩港区规划两处支持保障系统区：一处位于一突堤端部，为西部港区提供服务，占地面积约0.19km²；一处位于二突堤端部，为东部港区提供服务，占地面积约0.39km²。支持保障系统区集中布置海事、导助航、救捞、海上消防等港口管理或服务设施。在一港池通用泊位区中部设置预制厂，码头岸线长度为485m，占地面积约0.38km²，主要为徐圩港区工程建设服务。

徐圩港区主要规划指标表 表5-1

| 序号 | 功能区 | 规划泊位（个） | 码头岸线长度（km） | 码头后方陆域面积（km²） | 物流园区（罐区）面积（km²） |
|---|---|---|---|---|---|
| 1 | 干散货泊位区 | 24 | 7.34 | 8.64 | 3.3 |
| 2 | 通用泊位区 | 50 | 14.065 | 17.1 | 7 |
| 3 | 液体散货泊位区 | 31 | 10.29 | 7.48 | — |
| 4 | 集装箱泊位区 | 8 | 2.95 | 2.56 | 4.47 |
| 5 | 支持保障系统泊位区 | — | 0.485 | 0.96 | — |
| | 合计 | 113 | 35.13 | 36.74 | 14.77 |

## 2．港口物流园

（1）干散货物流区

干散货物流区位于三港池底部、支持保障系统区泊位区I后方，主要包括矿石、煤炭的储运设施和相关配套设施，具有矿石、煤炭的专业化储存、输送及筛分、洗、配等增值服务功能，干散货物流区面积为3.30km²。

（2）综合物流区

综合物流区位于一港池和二港池后方，面积分别为3.77km²和3.23km²，主要为各类临港工业和腹地经济发展服务，是通用泊位区功能的延伸和拓展，主要包括仓库、场地及相关配套设施，以通用件杂货中转、仓储物流为主。

### 3．港口综合服务区

港口综合服务区包括公用配套设施区、起步配套设施区和综合服务区。公用配套设施区主要布置办公楼、候工楼、食堂、浴室、变电站、污水处理站、消防站等设施，共布置4处，主要为码头作业区和港口物流园提供服务。1号公用配套设施区位于三突堤根部，占地面积16.7hm²，主要为干散货泊位区及干散货物流园提供服务；2号公用配套设施区位于一港池底部，占地面积15.7hm²，主要为一港池通用泊位区及综合物流园提供服务；3号公用配套设施区位于二突堤根部，占地面积19.3hm²，主要为二港池通用泊位区、通用泊位及装备制造区、集装箱泊位区和综合物流园提供服务；4号公用配套设施区位于六港池底部，占地面积12.8hm²，主要为液体散货区提供服务。

起步配套设施区位于六港池东侧泊位后方，占地面积6hm²，主要为液体散货泊位区六港池东侧、北侧起步工程提供服务。

综合服务区位于2号公用配套设施区的南侧，占地面积26.2hm²，主要设置海事、海关、检验检疫、边防、港口商贸等相关部门的监管设施和办公场所，主要包括行政办公楼、海关查验区、仓库、金融服务区、通信信息服务区等。

### 4．铁路装卸作业区

徐圩港区铁路专用线自徐圩站东引出，初期沿港前北路向东，至港区横一路转向南，并行至益海粮油基地设益海装卸场。近期线路沿张圩河路港区段设徐圩港站，并分别在一突堤码头、集装箱泊位区设一突堤装卸场、顺岸装卸场；远期预留二突堤、三突堤、五突堤装卸场条件。港区初期新建线路正线长度约7.835km。近期，徐圩站至徐圩港站新建长度约2.63km，徐圩港站至一突堤装卸场长约5.619km，徐圩港站至顺岸装卸场长约8.77km；远期，徐圩港站至三突堤装卸场长约4.2km，徐圩港站至预留五突堤装卸场长约5.94km，顺岸装卸场至预留二突堤装卸场长约7.2km。

## 5.2.3 水域规划

徐圩港区港内水域分为散货泊位区、通用泊位区、液体散货泊位区、集装箱泊位区、支持保障系统泊位区5部分。

### 1．泊位布置

（1）散货泊位区

散货泊位区水域分3部分。一部分位于五港池，港池设计底标高为-13.3~-22.5m，港池宽度800m；一部分位于三港池北部，港池设计底标高为-11.6~-13.3m，三港池宽800m；30万吨级散货船回旋水域部分占用港内航道，设计底标高为-22.5m，距离口门约1300m。

（2）通用泊位区

通用泊位区水域分两部分。一部分位于三港池南部，港池设计底标高为-11.6~-13.3m；另一部分位于一港池北部，港池设计底标高为-13.3m，一港池呈喇叭形，港池底部宽700m。

（3）液体散货泊位区

港池设计底标高为−12.8～−22.5m，港池宽度1067m；30万t级原油船回旋水域部分占用港内航道，并与30万t级散货船回旋水域有部分重叠，设计底标高为−22.5m，距离口门约1300m。

（4）集装箱泊位区

集装箱泊位区水域位于二港池南部，港池设计底标高为−11.6~−13.3m。

（5）支持保障系统泊位区

支持保障系统泊位区分为两部分，设计底标高−5m。一部分位于三港池底部，另一部分位于二突堤西侧水域。

**2. 航道布置**

徐圩港区目前10万t级散货船单线航道已建成通航，航道设计底标高−13.3m，航道通航宽度210m，航道方位角为196°～16°、280°～100°，航道长度24.9km。

徐圩港区进港航道（五港池、六港池至外航道外段）近期规模按30万t级油船单向通航的标准考虑，规划通航宽度350m，航道底标高−21.7m，将来为满足30万t级及以上散货船通航的要求，航道底标高进一步加深至−22.3m。五港池、六港池向内按满足15万t级航道单向通航、5万吨级船舶双向通航的标准考虑，规划通航宽度280m，航道底标高−16.0～−16.5m。

徐圩港区航道规划如表5-2所示。

港区航道规划表 表5-2

| 航道名称 | 航道类别 | 主要服务港区 | 港区通航需求 | 规划通航标准 | 备注 |
|---|---|---|---|---|---|
| 连云港港区航道 | 公用航道 | 旗台作业区 | 25万t级 | 30万t级 | 两港区共用进港航道外海段 |
| | 公用航道 | 庙岭、大堤作业区 | 15万t级 | | |
| | 公用航道 | 墟沟作业区 | 5万t级 | | |
| | 公用航道 | 马腰作业区 | 5万t级 | | |
| 徐圩港区航道 | 公用航道 | 徐圩港区 | 30万t级 | | |

徐圩港区进港航道走线图如图5-3所示。其中主航道外海段（Y-E）轴线走向243°~63°，长36km；连云航道（W-Y）轴线走向243°~63°，长16km；徐圩航道（S-Y）轴线走向196°~16°，长18km。

徐圩港区航道底标高根据30万t级散货船为标准，取为−22.5m，港内航道底标高根据不同作业区的泊位类型和吨级分别确定。港区航道宽度按30万t级原油船为标准，取为

350m，港内航道宽度根据10万t级散货船与5万t级集装箱船双向航行为标准，取为350m。徐圩港区航道疏浚边坡为1：5~1：10，经验算，利用航道及边坡水深，徐圩港区30万t级航道可以满足10万t级散货船全潮双向通航。

### 3. 港池布置

徐圩港区进港航道分为两段，外段由连云港港区进港航道至徐圩港区五、六港池，航道建设规模为30万t级航道，按30万t级散货船满载进出港乘潮水位3.35m设计，航道设计标高-22.5m。内段由三、四突堤至一、二港池航道，建设规模为10万t级航道，按10万t级集装箱船和10万t级散货船满载进出港乘潮水位3.63m进行设计，航道设计标高-13.3m，基本满足5万t级以下船舶全潮通航的需求。徐圩港区港池全景如图5-4所示。

根据徐圩港区各泊位规划等级，结合航道建设分期情况，在满足港区正常运营的前提

图5-3　徐圩港区进港航道走线图

图5-4　徐圩港区港池全景图

下，考虑船舶乘潮调头及进出航道，一港池、港池航道连接段均按满足10万t级散货船和集装箱船进出和调头的需求，设计标高与10万t级航道一致，取-13.3m。二港池里侧停靠3万t级集装箱船，外侧停靠5万t级集装箱船，根据集装箱码头建设和实际运营经验，上述两种船型船舶分区停靠的概率较小，因此港池设计标高按满足5万t级集装箱船进出和调头的需求，设计标高-11.5m，与徐圩港区航道一期工程第一阶段5万t级航道规模相适应。三港池里侧最大停靠5万t级散货船，港池设计标高取-11.5m，外侧最大停靠10万t级散货船，港池及港池航道连接段设计标高取-13.3m。四港池里侧最大停靠3万t级化学品船，港池设计标高-10.4m，外侧最大停靠5万t级化学品船，港池及港池航道连接段设计标高-11.5m。五港池里侧最大靠泊10万t级散货船，港池设计标高取-13.3m，外侧最大停靠30万t级散货船，港池及调头区设计标高取-22.5m。六港池里侧最大停靠8万t级化学品船，港池设计标高-12.8m，外侧最大停靠30万t级油船，港池及调头区设计标高-22.5m。

徐圩港区航道内段规划设计底标高为-13.3m，可满足5万t级以下船舶全潮通航的需求。二港池、四港池、三港池里侧泊位可根据营运的需要，适时将港池设计标高降低至-13.3m。五港池、六港池外侧规划为30万t级泊位，其航道、港池、调头区水域设计底高程为-22.5m，若适时将里侧泊位港池设计底高程由-13.3m 降低至-16.5m，10万t级船舶可全天候在港池内调头作业。

## 5.3　堤坝水工结构

徐圩港区地处淤泥质海岸开敞海域，围堤、防波堤工程建设是港区开发建设的关键，围堤、防波堤在近岸浅水区采用本地区常用的斜坡堤结构，此处仅以徐圩港区件杂货作业区围堤工程为例进行阐述。

### 5.3.1　围堤常用施工方法

徐圩港区件杂货作业区围堤工程滩面高程5.0～-1.2m，淤泥厚度在10～12m，该淤泥具有含水量高、孔隙比大、压缩性高、力学强度低等特性，工程地质条件差，为了对围堤稳定起控制作用，因此，必须对围堤地基进行处理。根据连云港建港及类似工程经验，适用于本工程的地基处理常用方法有爆破挤淤填石、清淤置换、充填袋加排水板等方法。工程范围内大部分滩面处于平均低潮位以下，近岸滩面位于潮间带，当地潮差较大，可利用潮差变化组织施工。

#### 1. 爆破挤淤填石方法

采用当地开山石陆抛成堤，淤泥地基采用爆破挤淤填石法为主，爆夯法为辅。该筑堤工艺为连云港地区淤泥地基筑堤的成熟工艺，淤泥地基经处理后，即为坚固的护岸结构，可满足吹填土要求。爆破挤淤法填石是利用炸药爆炸的力量将石料置换淤泥的动力地基处理方法。爆破挤淤填石法施工工艺是通过爆破形成空腔，让已抛土石方靠自重填入土层，并落在硬土层上，在原软土层内形成含土石方比例较大的混合体。抛石工艺采用陆上抛填，先进行堤头爆填，每次爆破循环推进量一般为4.5~7m，然后进行侧爆，使坡脚充分落底，最终形成的堤身坡度为1：0.8~1：1.5。该方法的显著优点是非常适合浅滩作业条件，抛石和埋药、起爆可全部在陆上施工完成，不存在挖泥和弃土问题，不需要大型施工机械设备和复杂的施工工艺，施工速度较快、投资省、见效快，软基处理深度大，落底效果好，成堤和陆域吹填时整体稳定性强。爆破挤淤方法的不足之处为：随着处理软土层厚度越深，挤淤置换所需的石料量成倍增加，造价也随之增高；施工进度慢，工期较长，形成吹填边界时间长；对后方交通压力较大。一般适用于具备陆上石料运输条件，若水上施工，造价则非常高昂。

爆破挤淤填石施工现场、方法及施工流程分别如图5-5、表5-3、图5-6所示。

图5-5　爆破挤淤填石施工场景

爆破挤淤填石方法概述表 表5-3

| 工序 | 施工工艺概述 |
|---|---|
| 开山石运输 | 采用运输车陆上运输 |
| 雷管炸药 | 水上施工 |
| 水下抛石及垫层石 | 网络定点落底，吊机船抛设 |
| 水上二片石 | 吊机船吊到堤顶上，人工抛理 |
| 水上抛石及垫层石 | 吊机船粗抛，挖机辅以人工细理 |
| 扭王字块护面 | 陆上运输、陆上安装 |
| 混凝土防浪墙 | 陆上现浇 |

## 2. 清淤置换方法

地基采用清淤加开山石或砂地基处理，该筑堤工艺在连云港地区也有所采用，淤泥地基经处理后，即为坚固的护岸结构，可满足吹填土要求。地基通过清淤将淤泥软土层置换成石料或砂，落在硬土层上，可陆上施工也可水上施工。该方法具有工艺简单、见效快、软基处理深度大、效果好、适应性强（可陆上施工也可水上施工）、成堤和陆域吹填时整体稳定性强的特点。其不足之处为：清淤置换方法如表5-4所示，施工流程如图5-7所示。随着处理软土层厚度越深，清淤工程量和置换所需的石料或砂量成倍增加，造价也随之增高。

清淤置换方法概述表 表5-4

| 工序 | 施工工艺概述 |
| --- | --- |
| 开挖基槽 | 挖泥船清淤 |
| 回填砂、开山石抛填 | 水上船抛，陆上卡车抛填 |
| 开山石运输 | 采用运输车陆上运输 |
| 水下抛石及垫层石 | 网络定点落底，吊机船抛设 |
| 水上二片石 | 吊机船吊到堤顶上，人工抛理 |
| 水上抛石及垫层石 | 吊机船粗抛，挖机辅以人工细理 |
| 扭王字块护面 | 陆上运输、陆上安装 |
| 混凝土防浪墙 | 陆上现浇 |

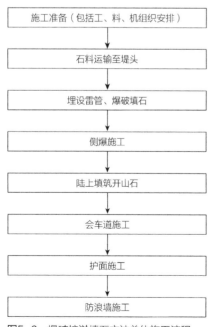

图5-6 爆破挤淤填石方法总体施工流程

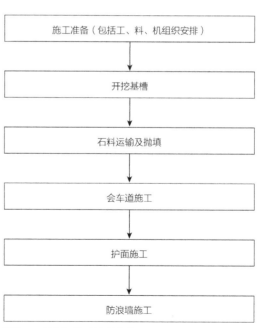

图5-7 清淤置换方法总体施工流程

### 3. 充填袋加排水板方法

大型土工织物冲填袋是近20年在国内推广应用的新型筑堤和护堤材料，主要应用于江、海护岸，围堤造地，防波堤及堤坝工程。根据国内外已有的工程经验，充填袋斜坡堤堤心材料相对于以往传统的抛石堤心材料，其优势主要体现在就地取材、工程造价低，不依赖陆上交通、水上全面展开、施工作业面大、施工速度快，堤身的整体性好、特别适合深厚淤泥和有利于组织防台防汛。其方法如表5-5所示，施工流程如图5-8所示。

充填袋斜坡堤加排水板方法概述表　　　　　　　　　表5-5

| 工序 | 施工工艺概述 |
| --- | --- |
| 砂被、软体排 | 专用铺排船水上铺设、充灌 |
| 塑排 | 插板船水上施工 |
| 水下充填袋棱体 | 专用铺排船水下充灌 |
| 复合布 | 专用铺排船水下铺设 |
| 水下袋装碎石 | 网络定点落底、吊机船抛设 |
| 水下抛石及垫层石 | 网络定点落底、吊机船抛设 |
| 水上充填袋棱体 | 施工船作为平台供料，人工堤上候低潮充灌 |
| 无纺布 | 人工堤上候低潮铺设 |
| 水上袋装碎石 | 吊机船吊到堤顶上，人工抛理 |
| 水上抛石及垫层石 | 吊机船粗抛，挖机辅以人工细理 |
| 栅栏板安装 | 陆上运输、吊机船辅以人工安放 |
| 浆砌块石防浪墙 | 陆上现砌施工 |

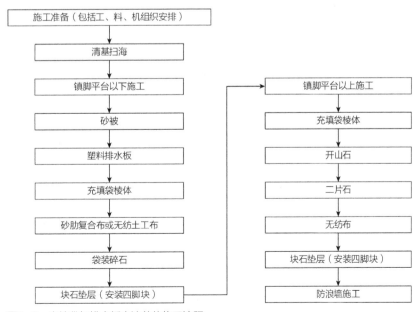

图5-8　充填袋加排水板方法总体施工流程

通过比较可知，三个方案在技术上都是可行的，但各有优劣，需根据具体情况选择。

## 5.3.2 件杂货作业区围堤结构设计

徐圩港区件杂货作业区围堤工程新建围堤总长2512m，其中正堤长1184m，东侧堤长1328m，增设徐圩1区1号围堤加高1304m。正堤作为吹填围堰、港内码头护岸和后续建设期道路，为永久建筑物。东侧堤作为吹填围堰、规划港内纳潮河道护岸和后续建设期道路，为永久建筑物。徐圩1区1号围堤加高满足本工程吹填高程需要。

考虑工程区滩面高程和淤泥厚度，根据爆破挤淤填石方法、清淤置换方法和充填袋加排水板方法三种筑堤结构特点，以及连云港地区同类工程经验和建设条件，结合西侧预制场初凝前混凝土对震动的限制要求，经经济、技术比较，正堤西侧900m采用全清淤置换方法，其余采用爆破挤淤填石方法，东侧堤采用充填袋加排水板方法。

正堤（ZK0+000~ZK0+900）段采用全清淤置换方法，地基处理采用全清淤加抛砂，堤身结构采用开山石结构，开山石规格为1~300kg。堤顶宽度为7.5m，堤顶标高7.5m，防浪墙顶标高8.1m，外边坡为1：1.5，内边坡为1：1.5。围堤外坡设置扭王字块体护面加块石垫层，内侧设置防渗倒滤层，倒滤层结构为土工布、软体排反滤，充填袋压载。防浪墙为混凝土结构；（ZK0+900~ZK1+184）段采用爆破挤淤填石方法，地基处理采用全爆破挤淤填石，堤身采用陆抛开山石形成，开山石规格1~300kg。堤顶宽度为7.5m，堤顶标高7.5m，防浪墙顶标高7.7m，外边坡为1：1.5，内边坡为1：1.5。围堤外坡设置扭王字块体护面加块石垫层，内侧设置防渗倒滤层，倒滤层结构为土工布、软体排反滤，充填袋压载，防浪墙为混凝土结构。

东侧堤采用充填袋加排水板方法，地基处理采用砂被加排水板，堤身底部设置高强加筋充填袋，上部采用抛石结构。顶宽9.0~13.0m，堤顶标高7.5m，防浪墙顶标高7.7m，围堤内、外侧标高6.5~2.5m处设置镇压平台，平台宽度10~15m，围堤内、外边坡均为1：1.5，外坡采用四脚空心方块加灌砌块石护面，反滤采用无纺土工布加袋装碎石，护底采用抛石结构。采用灌砌块石防浪墙结构。其中，东侧堤北侧85m考虑与正堤的衔接，采用爆破挤淤填石堤结构。

徐圩1区1号围堤加高结构采用充填袋结构直接进行加高。

围堤地基为淤泥，强度低、厚度大、沉降大，东侧堤必须确保自身稳定，保证砂被、排水板施工质量，控制加载速率，并加强观测，正堤必须保证端部及两侧块石落底。

徐圩港区件杂货作业区围堤工程平面如图5-9所示。

## 5.3.3 实施措施

### 1. 总体施工安排

先施工东侧堤和正堤西段，当东侧堤6.0m高程贯通后陆上推进正堤直至合龙。

正堤先施工西段，水上清淤、抛砂、抛填开山石，东段当东侧堤6.0m高程贯通后从陆上爆破推进，直至合龙。

东侧堤从水上全线展开，分级填筑、流水作业、层层推进，形成一段、保护一段

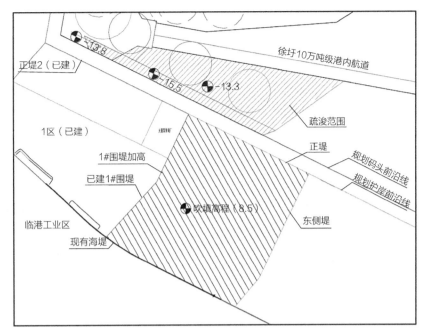

**图5-9　徐圩港区件杂货作业区围堤工程平面图**

**图5-10　徐圩港区件杂货作业区东侧堤施工现场**

**图5-11　徐圩港区件杂货作业区东侧堤施工现场**

（图5-10~图5-12）。综合考虑充填袋斜坡堤结构、工况条件、施工强度、施工工作面布置、加载速率控制等因素，本工程拟分三个施工阶段：第一阶段为堤顶施工至6.0m，两侧施工至镇脚平台，周期2~3个月；第二阶段为围堤施工至堤顶，周期3个月及以上；第三阶段为护面安装，防浪墙施工，周期1个月及以上。

**图5-12　徐圩港区件杂货作业区正堤施工现场**

　　当正堤、东侧堤全线达到6.0m高程并完成内侧反滤结构时，即可进行码头前沿停泊水域及港池疏浚吹填工程，疏浚土全部吹填至围区内，在吹填的同时，进行围堤护面、防浪墙、堤顶道路施工，与疏浚吹填工程同步完工。

### 2. 关键部位施工措施

对于充填袋斜坡堤，根据工程经验及工程特点，本工程施工的关键部位有两个：一是地基处理施工包括砂被、水上塑排；二是水上部分的结构，尤其是+0.50m以上的充填袋棱体。因为+0.5m以上充填袋棱体在低水位时可以露出水面，在高水位时基本上被水淹没。从施工效率的角度来讲需要候潮施工，从结构安全的角度来讲，该位置正好处于水位变动区，受到波浪的作用力较大。

针对以上关键部位的施工，拟采取如下应对措施。

（1）确保原材料的质量

对于地基处理，严格按照设计、规范有关要求把好原材料进场关，特别是作为排水层的砂被、塑料排水板这些重要原材料的质量。

（2）做好施工定位

认真做好施工船舶GPS定位工作，尽可能在缓流时段进行砂被充灌，以保证水下位置准确；特别应加强水上塑排施工定位质量控制、管理工作，确保施工点位误差在规范允许范围内，风浪、涌浪较大时应停止施工，以控制整个塑排施工的点位误差。控制塑排施工回带，采取有效施工措施（如有必要将采用高压冲水等措施），确保塑排打插深度符合设计要求。

（3）形成相互衔接的流水作业

对于水上部分结构，水上充填袋棱体与相应的垫层结构和护面结构形成相互衔接的流水作业。各工序间的施工步长控制在30～50m，当后道工序不能及时跟进时，前道工序宁可放慢速度或停止施工。统筹安排、合理组织，确保各施工设备能正常施工，确保各施工材料能及时到位，尽量减少各工序的施工船舶之间的施工干扰。编制台风期堤身临时保护方案，密切关注台风消息，及时启动临时保护预案。

### 3. 防台风及防寒潮

本工程工期较长，需跨冬季寒潮和夏季台风汛期，故对工程的防台度汛及防寒潮措施必须做好充分准备。采用机织布充填袋，可有效加强充填袋自身的防浪能力，也可有效抵御短期内的风浪袭击，临时抛石护坡及时跟上，进一步提高围堤抵御风浪的能力。

## 5.4 直立式防波堤

徐圩港区防波堤工程所在区域泥面标高在-5.0~0.0m之间，离岸越远水越深，表层普遍存在7~15m淤泥。如防波堤全部采用常用的斜坡堤结构，在离岸较远水深较深、淤泥较厚处，抛石（砂被）堤断面大，工程量大，且受陆域来料约束大，以及施工期风浪影响较大，针对此种情况，徐圩港区防波堤工程创新地采用了直立式防波堤即桶式结构，但桶式结构在近岸水深较浅处，需要人工开挖形成桶式结构运输通道，工程量较大，经综合技术经济比较，选择了斜坡堤与桶式结构组合的方案，设计在水深-4.5m以外区域，采用桶式结构，而在水深较浅处采用斜坡堤结构。根据地形，徐圩港区东防波堤工程的直立堤段长度约为4.2km，斜坡堤约为8km；西防波堤工程的直立堤段长度为2.7km，斜坡堤长约6.8km。徐圩港区桶式防波堤基础结构作为一种新型水下基础结构，具有水上施工下沉无需大型设备、施工速度快、造价低、砂石用料省等特点。该结构较其他结构可省投资15%左右、节约工期30%左右，与斜坡堤相比可节省砂石料80%左右，每个月安装桶体30个，月进度630m，节约工程投资3.0亿元。

### 5.4.1 结构型式

直立堤桶式基础结构断面由钢筋混凝土椭圆腔体结构件和护底块石组成。每一组桶结构件由一个基础桶体和2个上部筒体组成；基础桶体呈椭圆形，桶内通过隔板划分成9个隔舱，隔舱内沿短轴方向布置2m高肋板；2个上部筒体座落在基础桶顶板上。根据桶式基础上部结构受力状况及稳定性要求，下桶外轮廓采用椭圆形，桶体的长轴尺寸取30m，短轴取20m，高度取为9.5~11m。根据堤身港侧回填成陆的要求，下桶须进入淤泥层下黏土层1.5~2m，下桶壁厚取40cm，隔板的壁厚30cm，基础桶体顶板厚45cm；上筒外轮廓采用圆形标准筒，直径为8.9m，壁厚40cm，桶顶标高为7.0m。根据防波堤功能，上筒顶设置5.1m宽检修通道，结构采用厚度为50cm的混凝土预制板。为了满足港区防浪功能，在盖板前沿由上筒接高3.5m高的弧形挡浪墙。根据施工工艺要求，相邻两组下桶间的安装间距为1.0m。桶式基础连同上部结构通过预制厂预制，半潜驳运输，采用负压下沉到位的施工工艺，下沉施工不需要大型设备。堤身段的两侧采用块石护底，海侧护底块石为两层400~600kg的块石，护底宽度25m，为保证后期港侧能进行地基加固，港侧护底采用袋装碎石，护底宽度20m。

桶式基础结构如图5-13所示。

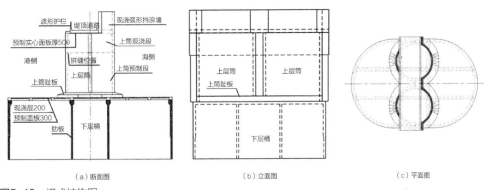

|（a）断面图　　　　　　　（b）立面图　　　　　　　（c）平面图|

图5-13　桶式结构图

### 5.4.2 实施步骤

#### 1. 桶体预制

桶体在周边大型专业预制厂制作（图5-14），桶式结构基础桶体、盖板、上层筒体下部分等整体分层预制，盖板制作成叠合板，底层预制安装，上层板现浇保证气密性，顶部达到强度后组织上层筒体预制。桶体预制过程如图5-15所示。

#### 2. 清淤挖泥

因部分堤段淤泥层较厚，下桶高度受浮运施工的影响，必须进行部分清淤挖泥，才能保证下桶下沉进入黏土层的深度。清淤挖泥在桶体安装前适当时间进行，以防止基槽淤积，应根据桶式基础的施工强度合理安排挖泥进度。

#### 3. 气囊搬运

场内托运和上船使用大型气囊搬运技术，利用两侧托板作为横移底座，用气囊进行顶升后平移至专用上船通道，将中间托盘插入后利用气囊向码头靠拢或上船作业。桶型结构采用半潜驳运输。上船作业完成后，将浮运气囊安装在桶体上，拖轮拖运半潜驳到徐圩施工现场。桶体气囊搬运如图5-16~图5-18所示。

图5-14 桶体预制现场

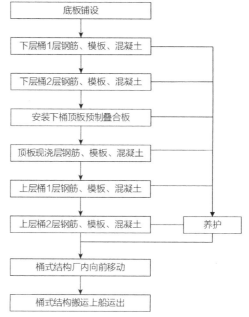

图5-15 桶式结构预制过程

图5-16 小车搬运桶体

图5-17 桶体气囊搬运上船

图5-18　桶体运输

### 4. 拖带运输

在防波堤内侧靠近中心位置分别设置100m×100m下潜坑，桶体装半潜驳后，拖轮拖带至下潜坑位置就位，向浮运气囊内充气，半潜驳压水，使半潜驳下潜，当半潜驳下潜到满足桶体浮运所要求的水深时，停止驳船下潜，继续向气囊充气使桶体浮起（图5-19），底部离开半潜驳，通过向不同边的浮运气囊缓慢充气来调整圆桶的浮态，调整好后拖轮就位将桶体拖至安装位置（图5-20）。

图5-19　桶体浮起

### 5. 定位安装与自重下沉

采用2000t平板驳作为定位方驳，当桶体结构拖运至接近定位方驳时，定位方驳绞锚向桶体靠拢，主拖轮解缆，定位方驳绞锚并由起锚艇辅助顶推桶体就位（图5-21）。桶体通过

图5-20　桶体出驳拖航

图5-21　桶体定位

GPS精确定位确认无误后，开启浮运气囊阀门放气使桶体下沉，气囊放气完毕后解开系结绳，抽离气囊。接着打开各舱的阀门缓慢放气，当桶体下沉至距泥面30cm时，关闭阀门，停止排气，测量人员通过GPS确认桶体结构位置满足设计要求后，再次打开阀门排气入土。由于原泥面不平及土质不均，桶体结构入土下沉会产生倾斜，当二维测倾仪反应产生偏斜后，可通过启闭相应部位的阀门进行调整。

### 6. 排水下沉

排水下沉设备选择自吸排污泵，桶体下沉小的一侧先启动，下沉大的一侧后排水，通过GPS测量仪器不间断的观测桶顶各测量点高程，通过测斜仪监测倾斜值，通过泵系的调整，随时调整各台泵开关，持续调整桶体下沉速率进行调平和纠偏，当排污泵无水排出并有泥浆出现时，关闭排污泵。当潮位达到日最低潮时，再次开启排污泵，利用潮位变化减少浮力，增加下沉荷载的组合作用。检验桶体是否继续下沉，维持30~60min，如果结构保持不动，则下沉不动。桶体下沉施工现场如图5-22所示。

### 7. 上层筒接高

上层筒根据施工单位的能力和安排可以采取现场水上现浇上层筒的方式。

徐圩港区直立式防波堤建设效果如图5-23所示，施工流程如图5-24所示。

**图5-22　筒体下沉施工**

**图5-23　徐圩港区直立式防波堤建设效果**

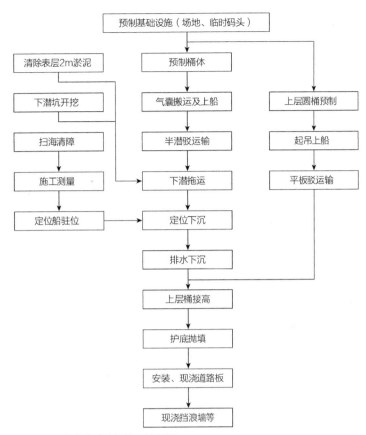

图5-24 直立式防波堤施工流程图

### 5.4.3 异常情况实施措施

#### 1. 施工纠偏措施

施工纠偏主要通过启闭不同隔舱上潜水排污泵阀门调整桶式基础结构下沉速率，并可以有效地调平和纠偏，设计考虑边缘舱格为主纠偏舱格，通过桶体偏位的反向施加负压进行调整纠偏。

#### 2. 特殊地质条件下处理措施

通过物探探明异常区域，通过连续钻孔取样分析异常区域厚度，对已探明局部钙化土层采用砂桩船将钙化土振解成小块。

### 5.4.4 实施注意事项

#### 1. 扫海清障

桶体下沉施工应在扫海清障的基础上进行，扫海范围包括堤轴线两侧各50m。

#### 2. 施工材料要求

（1）预制现浇构件

本工程预制现浇构件所采用的主要材料包括：混凝土为预制、现浇C40混凝土；钢筋为HPB300热轧钢筋、HRB400热轧钢筋；预埋铁件为Q235B镇静钢。

（2）石料

石料要求质地坚硬，不呈片状，无严重风化和裂纹；单块块石的重量应符合设计要求；块石饱和抗压强度不低于30MPa。

### 3. 护底抛石

堤身海侧护底抛石底层采用0.6m厚二片石垫层，其上抛填约1.2m厚400~600kg 块石，抛填范围为筒外侧25m；港侧护底采用袋装碎石，厚度约2m，抛填范围为筒外侧20m。本工程施工区域离岸远、风浪大，可施工作业天数相对较少。施工顺序和施工船机安排充分考虑工程特点，配备足够的船机满足分段施工、流水紧凑、后序保前序的施工要求，减少施工期堤头的波浪破坏。

## 5.5 码头水工结构

### 5.5.1 设计思路

一般码头的结构形式有重力式码头、高桩码头、板桩码头、浮码头等，不同结构形式均有其特点和适用性，码头结构的稳定性将决定工程建设的成败，因此其结构形式的选择是港口工程建设的关键。根据工程地质条件、码头总平面布置以及相邻工程经验等，徐圩港区码头水工结构较常采用高桩板梁式结构，此处仅以徐圩港区二港池多用途码头一期工程为例进行阐述，并重点介绍码头水工结构中重要的大管桩施工。

### 1. 徐圩港区二港池多用途码头一期工程总平面布置

本工程码头前沿线布置于自然水深为-1.0m的等深线处，距离在建后方陆域护岸轴线120m，方位角为116°2′40″～296°2′40″，与涨落流、水下地形等深线和大堤走向均比较接近。码头东端与液体散货泊位端点留出140m的安全距离。码头平台长度为290m，占用岸线总长430m。

码头前沿停泊水域宽65m，设计底标高-15.6m，泊稳条件较好。船舶回旋水域布置在码头前方，回旋圆直径446m，回旋水域设计底标高-11.5m。

码头采用连片布置，设置引桥与陆域衔接，码头与引桥均为高桩梁板式结构。综合考虑本工程近期（多用途兼顾重大件码头）和远期（集装箱码头）的使用要求，确定码头平台宽度为60m，码头面标高为7.5m。码头前沿至门机/集装箱岸桥（远期）海侧轨道中心3.5m，门机轨距取12m，集装箱岸桥轨距为30m，岸桥陆侧轨道中心至码头后沿26.5m，分别布置舱盖板堆放区（17.5m）和2条车行道（7m），剩余2m作为管线带及其他功能区使用。

根据重件卸船工艺布置要求，本方案重大件采用800t桅杆吊进行装卸船作业，码头后沿设一座桅杆吊平台，轴线位置距码头平台东侧边线的距离为107m，平台前、后支墩轴线距离为26m，支墩柱脚间距为12m。平台顶标高为7.5m。

码头通过3座长60m的引桥与陆域连接，其中1号、3号引桥作为主要作业通道，布置6车道共25m；2号引桥布置2车道共10m，作为日常巡检通道或应急辅助作业通道使用。引桥与码头衔接段设10m×10m的展宽角。为满足重大件运输需要，1号引桥考虑重件荷载。引桥面标高均为7.5m。

本方案疏浚工程量包括码头前沿停泊水域和回旋水域新增区域工程量。疏浚总方量约398万m³（包括超宽超深和施工期回淤）。

### 2. 徐圩港区二港池多用途码头一期工程水工建筑物方案

本工程水工建筑物主要包括码头、引桥、桅杆吊平台和接岸结构。

**（1）码头平台**

采用高桩梁板式结构，平台长290m，宽60m，分为5个结构段，每段长58m，结构分段处设20mm结构缝。每个结构段设7个排架，排架间距9m。桩基采用$\phi$1200mm预应力混凝土大管桩，每榀排架布置13根桩，前轨下布置一对斜度为15：1的叉桩，中轨下布置一对斜度为5：1的叉桩，后轨下布置一对斜度为15：1的叉桩，前、中轨道梁之间布置1根直桩，中、后轨道梁之间布置一对斜度为5：1的叉桩，后轨到平台后沿布置4根直桩。码头上部结构由现浇桩帽、横梁、纵梁、现浇节点和面板组成。纵横梁及面板均为叠合构件，在节点处现浇成整体。预制横纵梁均为预应力双出檐矩形梁（部分单出檐）。码头面自码头前、后轨道处向前、中轨中间设5‰左右的排水坡度。码头共设3根轨道，前轨距码头前沿3.5m，前轨和中轨间距12m，中轨和后轨间距18m。

**（2）引桥**

采用高桩梁板式结构，引桥长60m，排架间距9.5m，其中1号、3号引桥有效使用宽度25m；2号引桥有效使用宽度10m。离岸侧桩基采用$\phi$1200mm预应力混凝土大管桩，近岸侧桩基采用$\phi$1500mm冲孔灌注桩，1号引桥每榀排架布置6根直桩，2号引桥每榀排架布置2根直桩，3号引桥每榀排架布置4根直桩。上部结构由现浇桩帽、横梁、纵梁、现浇节点、面板组成。纵横梁及面板均为叠合构件，在节点处现浇成整体。预制横纵梁均为预应力双出檐矩形梁。引桥面自引桥轴线向两侧设5‰左右的排水坡度。

**（3）接岸结构**

引桥接岸结构依托现有海堤，拆除部分已有挡墙和护面块体，新现浇接岸混凝土挡墙，挡墙高1.5m，宽4.0m。

**（4）桅杆吊平台**

采用现浇墩台结构。平台长32m，宽18m，厚2m，共布置36根$\phi$1200mm预应力混凝土大管桩，包括30根直桩和6根斜度为15：1的斜桩。桅杆吊平台轴线距离码头平台东端部107m，海侧边沿距离码头前沿线36m。

### 5.5.2 实施过程

#### 1. 港池及码头基槽疏浚

本工程港池疏浚土类主要为淤泥混砂、粉质黏土、粉土、粉砂等。港池疏浚拟采用绞吸式挖泥船。

**2. 码头桩基及上部结构**

码头桩基采用混凝土大管桩,大管桩制作和防腐可考虑在灌河工程处加工,装方驳用拖轮分批运至施工现场。

码头桩台基桩打设采用打桩船施工,由于码头岸线较长、桩台较宽,为便于沉桩作业及上部构件安装,施工时可沿码头轴线方向分区段成排打设,采用阶梯形推进施工,首先完成引桥灌注桩施工和码头后方桩台的混凝土方桩施工,待引桥上部结构基本形成后,再开始前方桩台桩基施工。近岸沉桩应考虑潮水影响,防止船舶搁浅。由于打桩数量较大,施工时可根据施工进度的要求配备打桩船数量,以满足施工进度。在多艘打桩船施工交接处,应事先安排沉好台阶桩,以保证以后衔接时的打桩船船位。灌注桩采用冲击钻机成孔,成孔采用双护筒工艺。而后安装钢筋笼、竖管法浇筑混凝土。

基桩打设后,采用水上方驳吊机进行夹桩固定、支模、绑扎钢筋,混凝土搅拌船浇筑桩帽、桩芯混凝土。上部预制构件可根据条件在灌河工程处预制,装方驳运至施工现场,起重船水上安装。码头上部结构接头、接缝、面层结构混凝土的浇筑可视梁板安装的进展情况安排施工,所需混凝土前期可由搅拌船供灰浇筑,后期陆域形成条件后可就近建设混凝土搅拌站。

码头和引桥主要施工工序如下:基槽开挖→沉桩→浇筑桩芯→现浇桩帽→安装纵横梁→安装板→现浇节点→现浇面板→现浇护轮槛、面层。

现浇混凝土的供料方式采用水上、陆上相结合,陆上考虑商品混凝土,水上采用搅拌船。现浇混凝土受潮汐水位限制,宜选择低潮位时施工。

引桥接岸结构为抛石挡土墙结构,施工应在引桥基桩打设后进行,少量原有围堤的拆除可由陆上挖掘机挖除,围堤的块石首先在基桩周围抛填,然后抛填其他块石,施工期间应注意施工速率。当沉降基本完成后,开始上部结构施工。挡土墙等其他结构可按常规方法陆上乘低潮时施工。

码头水工施工工艺流程如图5-25所示。施工现场如图5-26所示。

本工程配备打桩船1艘,负责水上沉桩,打桩架高度要大于70m;拖轮1艘,负责港内移船就位作业;配置交通船1艘,负责辅助作业。选配2艘2000t自航驳运输管桩,定位船1艘;选用2艘1000t自航驳运输预制构件,起重船1艘,承担本工程预制构件安装施工;搅拌船1艘,负责水上搅拌混凝土。

### 5.5.3 大管桩施工

**1. 大管桩沉桩工艺**

(1)沉桩顺序制定原则

确保每根桩都能施打,且施打方便;不妨碍打桩船的带缆;尽量少调船。

(2)主要船机设备

根据桩重和桩长度要求,选用合适的船型进行沉桩施工。打桩船需稳定性好、抗风浪能

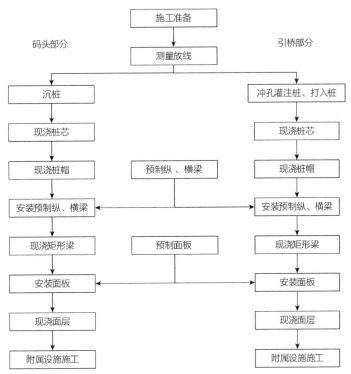

图5-25 码头水工施工工艺流程图

图5-26 二港池多用途码头一期工程码头水工结构施工现场图

力强，可以保证沉桩质量及施工效率，能够满足沉桩长度和重量的性能要求。

（3）桩锤的选择

结合地质勘察报告，结合施工单位沉桩施工经验，选用满足设计要求的合适桩锤。

（4）锤垫和桩垫

采用钢丝绳垫，混凝土大管桩桩垫采用棕绳制作成的18cm的圆盘，要求一桩一垫。

（5）拖轮及抛锚船的选用

选用拖轮主要负责港内移船就位作业，并配置交通船1艘，负责辅助作业。一般同步配备锚艇1艘作抛锚用。

（6）驳船的选用

根据管桩桩型及运距选用合适的管桩运输船舶。

### 2. 大管桩施工准备

（1）技术准备

沉桩前制定详细的施工顺序和技术措施，验算桩位、桩平面扭角，如发生异议，及时会同设计单位研究解决。沉桩前完成桩位计算、基线布设等工作，提供计算书；指定专人负责收集整理沉桩施工技术档案资料，确保工程过程中、施工结束时能及时提供完整准确的沉桩资料供参考分析。沉桩前项目总工会同生产调度、测量施工员对船上施工人员进行技术交底，对工程概况、桩位布置特点、沉桩顺序、停锤标准和施工现场安全等情况向船员全面交代清楚，并规定好联系方式、配合事项以及对可能发生的情况所采取的相应措施。

（2）船机/设备维护

打桩船、自航驳等进场后，进行全面维护保养，保证投入正常施工后可保持最佳工作状态。

（3）航行通告

沉桩施工前，办理好航行通告，处理好同其他生产和施工船舶的关系，减少施工干扰，保证外部施工条件通畅。

### 3. 大管桩运输与落驳

驳船装运管桩时，根据施工时的沉桩顺序和吊桩的可能性，按落驳图要求分层装驳；桩采用多支点堆放且垫木均匀放置，并适当布置通楞，垫木顶面尽量保持在同一平面上；桩的堆放形式能够保持驳船在落驳、运输和起吊时保持平稳（图5-27、图5-28）。

### 4. 地锚的埋设及抛锚

沉桩时需在岸边每隔50m设一地垄，作为打桩船带缆地锚。打桩船沉桩时布置八字锚，并设1根前抽心缆以便打桩时能够绕过前面已打好的桩，每侧抽心缆长度需满足周边海域通航要求，并设置显著警戒标识。沉桩锚缆布置如图5-29所示。

图5-27 管桩运输图

图5-28 管桩驳运加固图

### 5. 大管桩的吊立及保护

混凝土大管桩吊桩采用四点吊（图5-30），混凝土大管桩捆绑方法采用钢缆绳压扣卡环捆绑。由于所用钢丝绳在$\phi$50mm以上，为防止滑扣，必须将捆绑在桩上的钢丝绳敲击紧贴桩身，同时将桩水平吊起一些时间使吊索更加锁紧桩身。

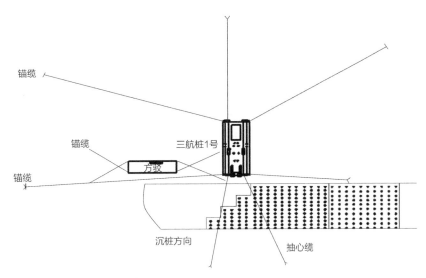

图5-29　沉桩锚缆布置示意图

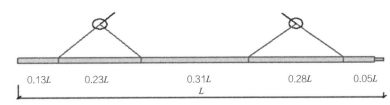

图5-30　大管桩吊点布置图

### 6. 大管桩沉桩

在吊桩的过程中，打桩船在桩身吊起适当的高度后再立桩进龙口；直桩下桩时，桩架保持垂直，斜桩下桩时，桩架斜度应与桩的设计斜度保持一致。锤击沉桩过程中注意桩锤、替打和桩保持在同一轴线上，替打保持平整，以防产生偏心锤击。对每个混凝土大管桩均要认真检查其预留排气孔，确保排气孔的畅通，以免沉桩时形成水锤。

混凝土大管桩桩垫采用棕绳制作成的18cm厚的圆盘，要求一桩一垫，如图5-31所示。

图5-31　大管桩桩垫

### 7. 大管桩的加固

基桩施工完毕后，及时夹桩，以免桩产生倾斜及位移，严禁带桩、绊桩、碰桩，以保证桩在整个施工期的安全。

大管桩的加固方法：打完桩后，对成排架的桩乘低潮时在桩上架钢抱箍，南北向在钢抱箍上铺设双道25号槽钢，并用夹具将其与钢抱箍夹紧，使整个排架围圈连成整体。

### 8. 质量控制要求

（1）停锤标准

原则上以标高控制为主，贯入度作为校核。当超过设计标高1.5m以内时，以最后1阵平均贯入度低于3mm即可停锤；当超过设计标高在1.5~3m范围内时，以最后2阵平均贯入度低于3mm即可停锤；当超过设计标高在3m以上时，会同设计、监理、业主协商停锤标准。当达到设计标高时，最后1阵贯入度平均值小于10mm时，即可停锤；当达到设计标高时，最后一阵贯入度平均值大于10mm时，会同设计、监理、业主协商停锤标准。

（2）允许偏差

按相关规范标准要求，按有掩护近岸水域执行，桩顶偏位直桩允许偏差不大于150mm，斜桩不大于200mm，直桩垂直度每米不大于10mm。本工程基桩直径大，长度长，当沉桩偏差较大时，测量负责人应对其余基桩进行复核，以免发生碰桩事故。

### 9. 沉桩施工质量保证措施

（1）为保证施工质量在沉桩前将逐个复核桩位，并编排合理的打桩顺序，避免碰桩和不能打桩的情况。

（2）由于地质资料不可能与实际情况完全一致，出现少量低于设计标高或是高于设计标高的情况是不可避免的。在整个沉桩过程中，须认真摸索经验，分析对比桩尖实际达到的深度与地质资料，以便更科学地确定下一结构段的沉桩技术措施。

（3）如果施工中发现地质资料与实际情况出入较大，将视情况报设计、监理等有关单位，补充一定数量的钻孔资料，以探明真实情况，避免给工程留下隐患。

（4）对于桩沉入困难的地段，可视具体情况与设计商量，采用桩顶加强抱箍或桩混凝土掺纤维以提高桩顶抗击打能力；适当加厚桩垫以保护桩头等措施。

（5）沉桩施工前，认真进行扫海、测量水下地形，如发现水下障碍物或挖泥有深坑、陡坎等影响沉桩时，要及时报告业主、监理和设计，进行处理。

（6）做好沉桩前期的质量控制：加强预制管桩出厂前的质量检查验收；加强吊运、运输过程中的保护，避免桩身损坏；打桩前对桩的外观质量再次进行严格仔细的检查，并做好记录，如发现桩身纵、横向裂缝等不符合要求的情况，不得使用。

（7）加强测量仪器及船机设备的维护，沉桩前必须进行检测，杜绝人为隐患。

（8）由测量工划桩刻度，并标定桩的起吊位置，确保吊点准确，符合设计要求，打桩船在吊桩时严格按管桩吊运要求进行操作，吊桩吊点位置的允许误差为±150mm。吊桩时起重工要特别专注，注意桩的碰撞，若有碰撞，经检查无误后方可继续使用。

（9）打桩船每次布锚后，要先进行试拉，确认可靠后方可使用。

（10）压锤前调整好桩架垂直度，保证桩锤、替打和桩保持在同一轴线上，替打保持平整，避免产生偏心锤击。

（11）下桩过程中若桩发生较大跑位，必须将桩提起重新下桩；沉桩过程中，根据试沉桩的规律，适当取一个提前量，确保桩的正位率。

（12）先期沉桩时先采用空档试打，在确定不会发生溜桩现象后，再采用正常档位施打；打桩船的操作应严格按要求进行，防止因操作不当如走锚、锚力不够等引起质量事故。

（13）在施打过程中如出现异常情况（桩顶破裂、纵向裂缝、溜桩、贯入度异常、脱帽回弹很大、锤击时突然走锚）要及时与监理、设计等相关部门联系，协商解决。

（14）加强船舶操作人员及测量人员的联系，保证在沉桩施工期间的良好沟通。

（15）已沉好的桩，及时用纵横向联系围囹固定连接，以减小桩身附加弯矩，加强桩抵抗外力破坏的能力。

（16）沉桩时做好沉桩记录，按规范要求认真填写，沉桩资料妥善保管。

（17）正位下桩而在沉桩过程发现有规律性地偏移时，取得监理工程师同意采取"保桩不保位"的原则确保桩的安全。

（18）运桩和沉桩时注意对钢管桩的保护，防止因碰撞等原因造成对钢管桩防腐层的破坏。

（19）如果桩顶标高较低，需根据潮位进行分台阶沉桩，避免水锤效应。

### 10. 安全保证措施

（1）施工前经政府主管部门同意发布航行通告。在进行沉桩施工时，派专人负责瞭望，防止其他船舶误入施工区发生安全事故。船舶在经过沉桩水域时，须减速慢行，防止发生意外和因高速行驶产生涌浪，影响沉桩质量。注意过往船只所产生的船行波对打桩船的影响，必要时暂停沉桩。

（2）地垄及系缆设备在沉桩前须进行试拉。对所有已沉好的桩，要及时夹好纵横向联系围囹，以防桩基变位和减小桩身附加弯矩，防止破坏。

（3）在沉桩过程中和沉桩结束后，在工程水域周围布设明显的安全标志。白天挂安全旗；夜间对已打好的桩群挂红灯警示，避免民船、渔船及其他船舶误闯碰撞造成基桩损坏。

（4）所有锚位上设抛锚标志，施工中有专人瞭望锚位。停船后设专人值班，定时检查锚位，防止走锚。

（5）施工过程中严禁各种船只碰撞工程桩，并注意打桩船、方驳等船的锚缆位置，沉桩作业过程中要经常检查捆桩钢丝绳及吊钩钢丝绳是否完好。

（6）沉桩时严禁边锤击边纠正桩位，以免造成断桩事故。

（7）打桩施工人员必须戴好安全帽，水上施工人员必须同时穿好救生衣。

（8）成立防台风小组，做好防台风工作。派专人收听天气预报，掌握台风动向。

（9）遇有台风警报，及时采取防范措施。运桩船只停止运桩，在就近港区避风；打桩船、方驳到业主指定的避风锚地避风，并加大锚缆抛锚长度，调整船的站位方向，避开进出港口门位置。

（10）收集后方陆域位移观测资料，防止沉桩过程后方陆域因振动产生移动而影响桩基结构的安全。

大管桩施工实景如图5-32所示。

图5-32 大管桩施工实景

## 5.6 软土地基处理

### 5.6.1 软土地基处理背景

港口工程后方陆域的形成方法通常分为回填和吹填，对于土石料富裕的地区一般采用回填方案，连云港地区地处平原，土石料短缺，价格高，因此陆域形成采用吹填方案。徐圩港区吹填料采用停泊水域和回旋水域的疏浚淤泥，吹填标高为9.0m，共需淤泥219.74万m³（流失率按照20%考虑），停泊水域和回旋水域的疏浚共产生疏浚料约600多万m³，可以满足需求。

根据总平面布置，各功能区均建在新填海软土地基上，因而必须进行地基处理。地基处理的重点对象主要为吹填层和天然淤泥层，结合陆域的形成均采用吹填淤泥的现状，对上述土层的加固提出相应的地基处理方案。

采用吹填疏浚土形成陆域，吹填后标高为9.0m，原天然泥面标高约0.7m，疏浚土吹填厚度约为8m，该层疏浚土力学性质极差，含水量高，压缩量大。根据类似工程现场对吹填土取样分析可知，吹填口附近土体的平均含水量＞80%，远离吹填口的吹填土含水量更高，土体在外荷载作用下排水后将产生很大的变形，为场地两大主要压缩层之一。

根据地质资料，工程场地分布的主要天然土层中，淤泥属含水量高、高压缩性、高灵敏度的软土，工程力学性质较差，为地基土的另一主要压缩层。该层土（软弱淤泥层）在场地范围内厚度约10m。该软弱淤泥层以下的土层为物理力学性质相对较好粉质黏土、粉砂、黏性土等，埋深相对较深。根据总平面布置和工艺使用的要求，以及对地质资料的分析，地基处理的对象主要为表层8m厚的吹填淤泥层和软弱淤泥层。

针对目前国内常用的软基处理方法，大体分为以下几种：置换法、排水固结法、复合地基法、化学加固法等方法。考虑到本场区软土层深厚，表层为厚度较大的新近吹填软土，结合连云港地区的经验，本场区宜采用排水固结法进行处理，在设计中对堆载预压法及真空联合堆载预压进行方案比选。

**1. 堆载预压法**

堆载预压法是以土料、块石、砂料或建筑物本身作为荷载，对被加固的地基进行预压。天然地基在预压荷载作用下排水固结沉降，使土体中有效应力增加，地基土强度提高。卸去预压荷载后再建造建筑物，工后沉降减小，地基承载力得到提高。当天然地基土体渗透性较小时，为了缩短土体排水固结的排水距离，加速土体固结，一般都在地基中设置竖向排水通道，如砂井或塑料排水板等，并设置水平排水层，即中粗砂排水层。堆载预压法典型工艺断面如图5-33所示。

施工工艺：场地平整→铺设工作垫层→铺设砂垫层→打设塑料排水板分级堆载→卸载。

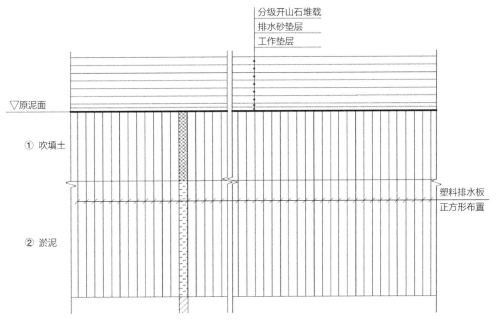

图5-33 堆载预压典型工艺断面图

### 2. 真空联合堆载预压法

真空预压作用下土体的固结过程，是在总应力基本保持不变的情况下，孔隙水压力降低，有效应力增长的过程。真空预压法利用大气压力作为预压荷载，可以得到较大的预压荷载，同时节约土石方用量，减少对周边环境的影响。真空联合堆载预压法是真空压力和堆载压力的有效叠加，可以在地基处理后高程不能达到使用要求或在荷载不能满足设计要求时联合使用。抽真空和填土堆载联合使用，可以得到较大的预压荷载，提高了效率，节约了工期。真空联合堆载预压法加固地基典型工艺断面如图5-34所示。

施工工艺：场地平整→铺设工作垫层→铺设排水砂垫层→打设塑料排水板→打设黏土密封墙→埋设真空滤管、监测仪器→铺设塑料密封膜→安装真空设备→抽真空→真空联合堆载→卸载。

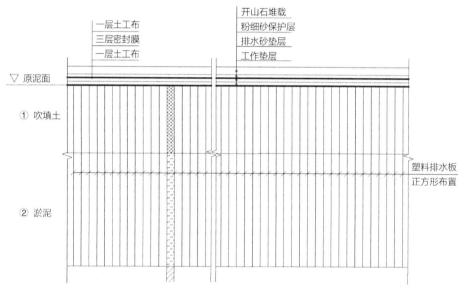

**图5-34　真空联合堆载预压法典型断面图**

### 3. 方案比选

2种软土地基处理方法比较如表5-6所示。

地基处理设计方案比选表　　　　　　　　　　　　表5-6

| 软基处理方法 | 优点 | 缺点 |
| --- | --- | --- |
| 堆载预压法 | 1. 施工简单，质量易于控制；<br>2. 有效加固深厚软基，不均匀沉降小；<br>3. 本地区施工经验丰富 | 1. 需要大量堆载预压材料；<br>2. 堆载速率需严格控制，容易发生边坡失稳；<br>3. 加载速度慢，工期较长；<br>4. 对施工道路要求高，破坏大，材料供料受外围交通约束；<br>5. 卸载料需要运出，发生二次运输费用 |

| 软基处理方法 | 优点 | 缺点 |
|---|---|---|
| 真空联合堆载预压法 | 1. 施工工艺较简单；<br>2. 有效地加固深厚软基，地基处理质量较好；<br>3. 施工工期短；<br>4. 土石料用量少，施工对周围环境影响相对小 | 1. 对存在漏气地层软基，周边密封要求高；<br>2. 用电量大；<br>3. 施工过程质量控制要求高 |

经综合比较，上述2个方案各有优缺点。堆载预压法具有施工简单、加固效果可靠等优点，但是，连云港当地堆载石料缺少，大量外购堆载料要增加较大的成本。而真空联合堆载预压法可以解决石料紧张的问题，且工期较短。

### 5.6.2 软基处理过程

由于软土地基处理范围较大，本节以徐圩新区港区一期工程1号、2号物流堆场基础设施软基处理工程为例进行阐述。该工程地基处理面积约为26.43万m²，其中真空联合堆载预压法处理区总面积约为25.94万m²，浅层置换区总面积约为0.49万m²。

地基处理区以港前二道为界，西侧为A区，东侧为B区，其中A区的真空联合堆载预压法处理区又细分为11个分区，B区的真空联合堆载预压法处理区细分为4个区。具体分区如图5-35所示。

在对整个场区实施软基处理前，需先对该区域进行开挖整平处理，其后铺设土工布一层，绑扎竹竿网并铺设荆笆一层，人工摊铺厚度为0.5m的工作粉细砂垫层和0.5m的中粗砂垫层，插打塑料排水板（图5-36），待真空滤管铺设（图5-37）完成后继续铺设一层300g/m²无纺布、三层密封膜。

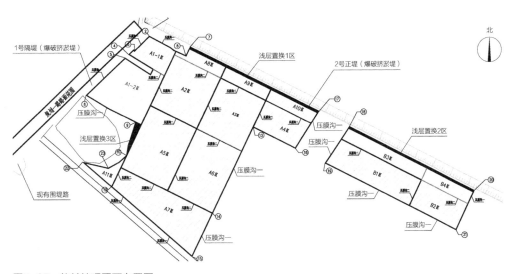

图5-35　软基处理平面布置图

安装真空泵并开始抽真空（图5-38），上部堆载施工宜在膜下真空度达到85kPa且抽真空20d后进行。堆载前先在真空膜上铺一层300g/m²无纺土工布和0.5m厚粉细砂保护层，然后进行堆载（图5-39），堆载料厚度1.5m，分两级堆载，第一级堆载0.5m，第二级堆载1m，具体按堆载料加载速率的要求进行控制。堆载石料容重≥17kN/m³，抽真空180d，要求必须达到卸载标准后方能卸载。

卸载后对表层采用2遍夯击能为1000kN·m的点夯及800kN·m的普夯及振动碾压至交工标高。

### 5.6.3 软基处理施工参数

#### 1. 施工作业面

人工于超软土上铺设一层土工布，绑扎竹竿网，铺荆笆，然后分层施工50cm厚粉细砂工作垫层。

#### 2. 排水系统

排水系统分为水平排水垫层及竖向排水板2部分，水平排水垫层采用中粗砂，含泥量＜5%，渗透系数不低于5×10⁻³cm/s，其厚度不小于50cm；竖向排水板采用正方形布置，间距为1.0m；A8、A9、A10、B3、B4区及A1-1和A1-2区的局部区域选用B型板，其余区域均选择C型板。

图5-36　软基处理插打塑料排水板作业

图5-37　软基处理埋设真空滤管

图5-38　软基处理抽真空作业

图5-39　软基处理堆载现场

### 3. 密封系统

采用3层密封膜。加固区四周开挖压膜沟，要求压膜沟进入不透水、不透气层顶面以下一定深度。密封膜上下各设置300g/m²的无纺布对密封膜进行保护。

### 4. 加压系统

加压系统分真空预压荷载及堆载预压荷载2部分：

（1）真空荷载：采用单机功率不低于7.5kW的射流泵，在进气孔封闭的状态下，其真空压力不小于96kPa。射流泵均匀布置在加固区的四周，每台设备控制的面积不超过800m²。

（2）堆载预压荷载：设置2m堆载料（0.5m粉细砂保护层加1.5m开山石料），堆载宜在真空预压膜下真空度达到85kPa且抽真空20d后方可进行。

## 5.6.4 软基处理技术要求

### 1. 施工作业面

首先对加固区进行清理整平。铺设一层土工布，接着人工铺设竹排，将毛竹按1m间距垂直、水平方向铺在土工布上，节点处用高强度尼龙带绑扎，毛竹搭接长度为1.5m。竹排铺好后再铺设荆笆一层。

采用粉细砂作为工作垫层填料，要求含泥量＜10%，回填厚度为50cm，进行人工分层回填，分层厚度第一层为20cm，第二层为30cm。施工中应控制各层厚度，以防止局部荷载过大引起地基不均匀沉降。

### 2. 排水系统

分层铺设50cm厚中粗砂（密实），严格控制砂的含泥量（＜5%）和砂层厚度，必须筛除砂垫层中的贝壳及带尖角石子。

陆上施打塑料排水板并作为竖向排水通道。A8、A9、A10、B3、B4区及A1-1和A1-2区的局部区域的板型选用B型板，其余区域均选择C型板。排水板正方形布置，间距为1.0m。排水板外露20cm，要求打穿天然淤泥层，进入黏土层或粉质黏土层的深度大于0.5m。

塑料排水板的施工技术要求如下。

（1）插板施工工艺为陆上施打，设备接地压力应与需处理地基相适应；导架高度、打设能力应满足设计要求；机架垂直度、就位应调节方便，正确。

（2）插板机施打动力可采用液压式，如液压式施打有困难，可改为振动式。

（3）插板机定位时，管靴与板位标记的偏差应控制在70mm内，垂直度应控制在±1.5%。回带长度不得超过500mm，根数不得超过打设总根数的5%。如回带长度超过1.5m时，应在插点附近补插。

（4）在施打塑料排水板过程中严禁出现扭结、断裂和撕破滤膜等现象，应在插点附近补插。

（5）开挖密封压膜沟时，塑料排水板不剪断，应沿沟边向上插入到砂垫层中不小于20cm。

（6）施打塑料排水板应采用套管打设法，并使用套靴，套管的断面形状、尺寸与管靴的材料、形式等应满足打设垂直度和深度所需的强度与刚度，并减少对地基产生扰动。

（7）A8、A9、A10、B3、B4区的B型板在插打前应先探明2号围堤内侧砂被的位置，排水板原则上应距离砂被袋体顶面不小于1m。

（8）A1-1、A1-2区1号围堤后方及临时抛石路周边区域插打B型板，在正式施工排水板前应先进行施工探摸，探明1号围堤及临时抛石路与A1-1、A1-2区交界处的抛石区边缘范围。应对排水板板底不小于1m范围进行端部密封处理，并在施工中严格控制排水板的回带。

真空滤管采用76mm的PVC硬质塑料管，在管壁上打孔制成花管，要求花管的排水性能满足要求。在花管的外面缠绕尼龙绳作为支撑，再包一层土工布作为隔土层。包裹滤管的土工布应无破损，包扎严密，埋设于排水砂垫层中。

在埋设滤管时要确保滤管上的滤膜不被破坏，铺设滤管时可以根据现场实际情况对二通、三通和四通的数量及形状做适当的调整，确保滤管排水通畅。真空预压过程中，地基沉降变形较大，应采用成熟可靠的连接方法，保证抽真空的排水效果。

滤管布设完毕后，场地整平，清理场地，将场地中的杂物、竹竿、碎石等清理干净，以免刺破塑料密封膜。

### 3. 密封系统

密封系统的效果直接影响地基土的加固效果，根据实际场地条件和真空预压分区不宜大于3万m$^2$一块的原则，将地基分为16个区，具体分区界限参见图纸"地基处理平面图"。

为了对密封膜形成有效的保护，铺设密封膜前须先铺一层300g/m$^2$的无纺布，无纺布的铺设、搭接长度、允许偏差等应满足设计要求，并应符合现行行业标准《水运工程质量检验标准》JTS 257的规定。

### 4. 加压系统

加压（预压加荷）系统用以提供软基处理所需的施加于土体的预压荷载，分为真空负压与堆载料自重产生的荷载两部分。

维持膜下真空度不低于85kPa，抽真空有效时间约180d，真空泵按不大于800m$^2$/台布置，真空泵开泵率为100%。膜下真空度达到85kPa且连续稳定20d后，可在膜上进行分层堆载。

真空联合堆载预压实施过程中，下卧软土层的水通过排水板上传至表面砂垫层，并经滤管由抽真空装置吸出，从而完成软土层的排水流程。施工过程中，抽真空装置周围设集水坑，上覆防水膜收集抽真空排出的明水，然后通过排水泵将明水集中排至工程区域外。

施工区真空预压各项工作就绪后，开始真空试抽气作业，发现有漏气的情况，及时用胶水粘补，而后可在加固区内覆水，以保证膜的密封；当膜下真空度稳定到85kPa以后，并达到堆载要求后，可在上部开始上载，堆载前要求先铺一层300g/m$^2$无纺布，然后铺设50cm保护层，最后铺设混合料。保护层须分层铺设，铺设过程中应加强对密封膜的保护。

保护砂层铺设完毕后，方可采用小型机械或人工进行有序合理的分级堆载作业，加载时机械下方应有足够厚度的填料，防止机械荷载震动损坏塑料膜，避免堆载料中掺入较大石块、钢筋等坚硬体，防止堆载料砸破或刺破密封膜。

堆载料加载速率应满足以下要求：①地基的最大竖向变形量不应超过15mm/d；②堆载边缘水平位移不应超过5mm/d；③孔隙水压力的增量与荷载的增量比应小于0.5。

实际施工中分级加载和预压时间可根据现场监测资料进行适当调整。

### 5. 卸荷标准

在满足真空度要求的前提下，应连续抽气，当沉降稳定后，方可停泵卸载，卸载标准为：

（1）满足设计要求预压时间；

（2）根据施工期沉降观测数据反算固结度达到设计要求，其中，施工期固结度80%；

（3）最后10d平均沉降量小于2mm/d。

### 6. 表层密实技术要求

排水处理后场地发生较大的沉降，要达到地基承载力的要求，需要保证一定的砂石硬壳层厚度，对于停泵后及堆料卸载后松散的表层硬壳，一般可考虑采用强夯与振动碾压相结合的方法予以密实处理。

强夯具体工艺及技术要求如下：

两遍夯击能为1000kN·m的点夯及800kN·m的普夯。

振动碾压具体工艺及技术要求如下：①振动碾压法的加固设备要求使用振动压路机，激振力为210~270kN，压实宽度、振动频率、理论振幅等参数可视现场施工情况进行确定；②振动碾压遍数不小于4遍，振动压路机一个来回为一遍，碾压搭接宽度不小于30cm，相邻碾压遍间采用正交行驶方向交错碾压；③振动碾压施工完毕后需整平至陆域达到交工标高。

## 5.6.5 软基处理材料要求

### 1. 堆载石料

堆载石料，是指按施工图表示的陆上回填开山石，采用卡车和推土机回填的施工工艺，含泥量不大于10%，容重≥17kN/m³，要求第一级加载的堆载料的石料粒径小于20cm。

### 2. 中粗砂垫层

中粗砂垫层，是指陆上施打塑料排水板的排水垫层，含泥量小于5%，砂垫层干密度大于1.5t/m³，渗透系数大于5×10⁻³cm/s，要求排水砂垫层厚度应均匀，表面应整平。

### 3. 粉细砂

粉细砂，是为防止密封膜被破坏而设置的保护层，厚度为50cm，含泥量小于10%，砂垫层干密度大于1.5t/m³。施工前筛除针片状尖锐物以防刺破真空膜。若遇到粉细砂料源紧缺的情况，可采用与粉细砂粒径相当的石粉作为保护层，厚度不变。

## 4. 塑料排水板

塑料排水板规格要求:

A8、A9、A10、B3、B4区及A1-1和A1-2区的局部区域选用B型板,其余区域板型均选择C型板。要求:板芯采用全新材料聚乙烯或聚丙烯制作,齿槽必须光滑挺直,以减小排水阻力和保证通水量。滤膜必须薄而紧密,孔径分布合理稳定,不因外力拉伸而发生变化,既具有良好的隔土性、反滤性,又具有较好的渗透性。在长期浸水条件下,滤膜不易出现分解、强度降低、排水性能变差的现象,宜采用涤纶长纤维热粘无纺布滤膜。整个复合体必须柔软且有一定强度,在地基沉降引起排水板弯曲变形时仍能正常发挥排水作用。

B型、C型塑料排水板技术指标分别如表5-7、表5-8所示。

B型塑料排水板技术指标 表5-7

| 项目 | | 单位 | B型 | 条件 |
|---|---|---|---|---|
| 复合体 | 厚度 | mm | ≥4.0 | 游标卡尺测 |
| | 宽度 | mm | 100±2 | 游标卡尺测 |
| | 抗拉强度 | kN/10cm | ≥1.3 | 干态,延伸率10%时 |
| | 纵向通水量 | cm³/s | ≥25 | 侧压力350kPa |
| 滤膜 | 抗拉强度 干态 | N/cm | ≥25 | 延伸率10%时 |
| | 湿态 | N/cm | ≥20 | 延伸率15%时,水中浸泡24h |
| | 渗透系数 | cm/s | ≥5×10⁻⁴ | 试件在水中浸泡24h |
| | 有效孔径 | μm | <75 | 以O₉₅计 |

C型塑料排水板技术指标 表5-8

| 项目 | | 单位 | B型 | 条件 |
|---|---|---|---|---|
| 复合体 | 厚度 | mm | ≥4.5 | 游标卡尺测 |
| | 宽度 | mm | 100±2 | 游标卡尺测 |
| | 抗拉强度 | kN/10cm | ≥1.5 | 干态,延伸率10%时 |
| | 纵向通水量 | cm³/s | ≥40 | 侧压力350kPa |
| 滤膜 | 抗拉强度 干态 | N/cm | ≥30 | 延伸率10%时 |
| | 湿态 | N/cm | ≥25 | 延伸率15%时,水中浸泡24h |
| | 渗透系数 | cm/s | ≥5×10⁻⁴ | 试件在水中浸泡24h |
| | 有效孔径 | μm | <75 | 以O₉₅计 |

## 5. 编织土工布

编织土工布用于隔离流泥，可防止工作垫层在施工过程中出现填土沉陷及较大的侧向位移，其规格及性能应符合表5-9的要求。

150g/m² 编织土工布的主要技术指标 表5-9

| 项目 | | 单位 | 指标 |
|---|---|---|---|
| 单位面积质量 | | g/m² | 150 |
| 单位面积质量允许偏差值 | | % | ±10 |
| 抗拉强度 | 经向 | kN/m | ≥27.5 |
| | 纬向 | kN/m | ≥20.5 |
| 断裂延伸率 | | % | ≤28 |
| 梯形撕裂强度（纵向） | | kN | ≥0.42 |
| 顶破强度 | | kN | ≥2.2 |
| 孔径 $O_{95}$ | | mm | 0.08~0.5 |
| 垂直渗透系数 | | cm/s | $10^{-1}$~$10^{-4}$ |

## 6. 无纺土工布

无纺土工布作为真空预压膜上、下保护层，其规格及性能应符合表5-10的要求。

300g/ m² 无纺土工布的主要技术指标 表5-10

| 项目 | 单位 | 指标 | 备注 |
|---|---|---|---|
| * 单位面积质量偏差 | % | -7 | |
| * 厚度 | mm | ≥2.4 | |
| * 幅宽偏差 | % | -0.5 | |
| * 断裂强力 | kN/m | ≥9.5 | 纵横向 |
| * 断裂伸长率 | % | 25~100 | |
| CBR 顶破强力 | kN | ≥1.5 | |
| * 等效孔径 $O_{90}$（$O_{95}$） | mm | 0.07 ~0.2 | |
| * 垂直渗透系数 | cm/s | $k×（10^{-1}~10^{-3}）$ | $k$=1.0~9.9 |
| 撕破强力 | kN | ≥0.24 | 纵横向 |

注：表中"*"为必须达到的指标，其他指标允许偏差5%，延伸率指标以达到上表内抗拉强度时的延伸率为准。

## 5.7 航道疏浚

徐圩港区航道非天然航道，主要靠疏浚形成，此处仅以徐圩港区二港池5万t级航道工程为例进行阐述。

### 5.7.1 徐圩港区二港池5万t级航道概况

本工程的起点与徐圩10万t级航道相连接，终点与徐圩港区液体散货泊位一期工程港池衔接。建设规模为5万t级船舶乘潮单向航道，乘潮历时2h，保证率90%，乘潮水位3.7m。主要工程内容包括疏浚工程、航标工程和扫海工程。其中，基建疏浚工程量1074.1万m³，全部吹填上陆；航标工程主要包括调整1座灯浮和新建4座灯浮；扫海面积1.9km²。其平面布置如图5-40所示，设计尺度如表5-11所示。

| | | | 徐圩港区二港池5万t级航道工程设计尺度汇总表 | | | 表5-11 |
|---|---|---|---|---|---|---|
| 通航宽度<br>（m） | 通航水深<br>（m） | 设计水深<br>（m） | 乘潮历时/乘潮保证率/<br>乘潮水位 | 设计底标高<br>（m） | 转弯半径<br>（m） | 边坡 |
| 170 | 14.7 | 15.2 | 2h/90%/3.7m | -11.5 | 2000 | 1：8 |

本工程航道疏浚充分考虑了码头的建设投产期，确保航道、码头和临港产业建设同步协调推进。考虑到位于二港池的江苏虹港TPA项目、江苏斯尔邦石化有限公司徐圩新区360万t/a醇基多联产化工项目已陆续开工建设，以及2014年底先期建成1个液体散货泊位的时间

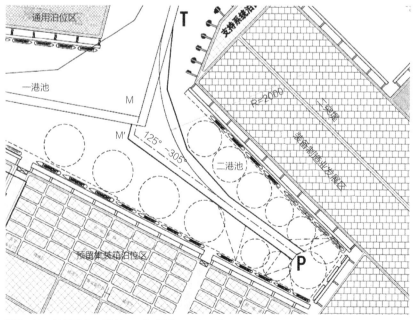

图5-40　徐圩港区二港池5万t级航道工程平面布置图

节点，为尽早发挥先期投产泊位的效益，结合本工程建设周期，本次疏浚工程分两阶段实施，第一阶段实施5000t级航道，第二阶段实施5万t级航道。

### 1. 疏浚尺度

本工程疏浚范围为5万t级航道全范围，直线段长2.5km，挖槽底宽162m，设计底标高-11.5m，疏浚边坡1：8。其中，第一阶段航道挖槽底宽为79m，设计底标高-5.6m，疏浚边坡1：8。

### 2. 疏浚土质及工况

本工程疏浚土质主要为淤泥，属二级土。回淤土取一级土。工程区域处于开敞海域（防波堤正在建设），根据水深风浪条件、疏浚船舶抗风浪能力，结合30万t级航道一期工程的经验，确定绞吸挖泥船施工工况为六级工况。

### 3. 疏浚工程量

疏浚工程量如表5-12所示。

疏浚工程量一览表 表5-12

| 阶段 | 断面工程量<br>（万 m³） | 超挖工程量<br>（万 m³） | 施工期回淤量<br>（万 m³） | 合计<br>（万 m³） |
|---|---|---|---|---|
| 第一阶段 | 153.0 | 24.1 | 16.7 | 193.8 |
| 第二阶段 | 771.4 | 33.3 | 75.6 | 880.3 |
| 合计 | 924.4 | 57.4 | 92.3 | 1074.1 |

### 5.7.2 疏浚施工

#### 1. 施工工艺

为减少疏浚土外抛对海洋环境和航道回淤的影响，同时解决徐圩港区陆域形成的土方缺口，将疏浚土全部吹填上陆。考虑到疏浚初期，本工程配套纳泥区尚未具备吹填条件，第一阶段疏浚土吹填至位于徐圩新区海滨大道内侧的2号水库，平均吹距约4km，第二阶段疏浚土吹填至位于徐圩港区二港池多用途泊位后方的配套纳泥区，平均吹距约3.5km。施工采用常规

图5-41 疏浚土吹填实景

的绞吸工艺，绞吸挖泥船在疏浚区挖泥并直接通过排泥管吹泥到指定的吹泥区（图5-41）。

#### 2. 船机配备及工期

本次疏浚工程量大，工期短，且工程区域基本位于外海开敞区域，风浪条件较差，需配置疏浚能力大、抗风浪能力强的大型绞吸挖泥船，配置1艘1600m³/h和2艘2500m³/h绞

图5-42 新海燕号疏浚船进行航道疏浚施工实景

图5-43 新海蛟号疏浚船进行航道疏浚施工实景

吸船进行施工（图5-42、图5-43）。疏浚工期按8个月考虑，其中第一阶段2个月，第二阶段6个月，两个阶段连续实施。

随着徐圩港区二号~六号突堤陆域形成，航道维护疏浚土就近吹填上陆。为了减少维护疏浚工程对航道通航的影响，选用具备自航能力，能灵活避让过往船只的耙吸船进行维护疏浚，疏浚土处理采用绞吸船吹填成陆。

## 5.8 港区应急救援体系建设

### 5.8.1 应急救援指挥中心

徐圩港区应急救援指挥中心工程总投资约2.5亿元，建筑面积约4万$m^2$，建筑高度66.7m，地上11层，地下1层，是集应急救援中心、应急指挥中心、展览展示中心、应急物资储备中心、大宗商品交易中心、候工作业、配套办公为一体的综合建筑。港区应急救援指挥中心可与徐圩港区液体散货泊位区应急通道和港区配套消防站共同形成港区应急救援保障体系，完善徐圩港区液体散货泊位区消防应急功能，满足四、六港池包括盛虹炼化、卫星石化和中化国际等产业配套码头在内的液体散货泊位应急救援需要，保障泊位区及后方辅助区的安全生产。

### 5.8.2 液体散货泊位区消防站

徐圩港区液体散货泊位区消防站主要包括陆上消防站和水上消防站。陆上消防站位于吹填四区西北角，利用规划的六港池起步配套设施区用地进行建设，消防站等级为二级消防站。水上消防站选址于二港池，利用二港池二期应急救援船临时泊位作为消防船靠泊岸线，可满足2艘拖消两用艇停靠，二港池后方现有设施可为水上消防站提供陆上基地配套服务。

陆上消防站的建设内容包括水工构筑物1处（水工平台及引桥）、综合管理楼1座、训练塔1座以及相关给排水、消防、供电、通信、控制等公用配套设施，总建筑面积为2667.51$m^2$。工程位置如图5-44所示。

**图5-44** 陆上消防站位置示意图

陆上消防站水工平台平行于吹填四区西侧围堤布置，长80m，宽43m，平台总面积 3440m$^2$。平台西北侧通过引桥连接至吹填四区围堤，引桥长97.9m，宽8m，为双向两车道。

水工平台内建设综合管理楼一幢，训练场1处（含跑道），训练塔1座。其中，训练场布局于平台西北面，是驻地消防员日常训练的场所，该场地同时也是保证消防车辆能够顺畅进出车库和引桥的衔接、缓冲区域。训练场内设跑道5条，跑道总长度65m，每条跑道宽度 2m，总宽度10m。训练塔结合跑道，布局于平台的西南角，其总高度为21.6m，地上6层，建筑面积270.94m$^2$。跑道东侧建设综合管理楼1幢，轴线尺寸长66m、宽16.4m，地上2层，建筑面积2396.57m$^2$。综合管理楼是供消防车辆停放，消防应急物资存放，消防人员管理、办公、住宿的场所。

### 5.8.3 消防通道及综合管网

本项目建有应急消防通道及综合管网1座，包括1座消防通道，长1902m，宽11.5m（其中9m用于消防行车，2.5m为布置管廊预留）；1座救援平台（47m×49m）；1535m长围堤路面结构，加宽1504m长围堤并新增路面及2座钢便桥。项目位于徐圩港区液体散货区、二突堤东侧通用泊位及装备制造发展区。位置如图5-45所示。

应急消防通道主要依托二港池引堤段，在引堤基础之上对内侧堤身进行加宽，并铺设 9m宽的消防通道，同时满足管廊运营期间的检修以及交通车辆通行需求。该项目龙口南段通道段，堤身为爆破挤淤堤身结构，长度938m。堤顶布设有管廊、围墙等设施，内坡坡面块石凌乱，工程施工难度较大，现场情况如图5-46所示。

在钢便桥建设过程中，由于消防通道顶高程偏低，导致桥面顶高程受到了限制，因此 1号钢便桥无法通过调整纵坡满足通航要求，因此考虑采用可开启或可移动式的结构。开启形式主要分转动开启和提升开启两种，本工程计算跨径达55m，宽度11.5m，开启重量与珠海新海燕桥开启重量相当，但是由于跨径大，需采用两侧开启，需要两套开启设备和开启

图5-45 消防通道位置示意图

图5-46 围堤改造前实景

基础，投资大大增加。

考虑到本工程通航频率较低，采用开启式结构经济性差，且远期该处为综合物流园场地。因此采用可以直接起吊或者移动的桥梁结构形式。通航时可将钢便桥吊装至临时场地或满足要求的驳船上，待船只通过后再吊回原位。1号钢便桥跨径55m，桥面标高低，只能采用下承式结构。同时，为便于吊装，采用钢结构桥梁。钢管拱桥和桁架桥均为下承式桥梁结构，钢管拱桥拱肋和系梁之间采用柔性吊杆，为防止变形，吊装期间需要进行临时加固；钢桁架则整体刚度大，无需进行临时加固。考虑到使用期间需要进行吊装移开，因此1号钢便桥采用简支钢桁架结构。

2号钢便桥跨越现有合拢口，其跨径为2×95m，桥面高程低，和1号桥梁同样需要采用下承式结构。考虑到将来合拢口合拢后，桥梁将吊运走，为了方便回收有利于环保，桥梁尽量采用钢结构。与钢桁架相比，钢管混凝土拱桥立面简洁，且两座桥形成连续拱桥，具有一定的视觉景观效果，为港区增加亮丽的风景线。钢管拱桥仅在吊装时需要进行临时加固，吊装完成后可将临时加固杆件拆除，因此2号钢便桥采用钢管拱桥结构。

海事与治安监控平台作为海面运行管理的配套设施，不仅完善了海洋综合管理机制，并且提升了徐圩新区公共服务功能，在治安管理和海事监控方面的水平均得到了明显提高。海事与治安监控平台也是城市发展功能配套设施的一部分，通过监控平台的使用和管理，充分发挥视频监控系统的作用，能够实现实时监控、及时发现、科学决策、快速处置，以完善社会治安监控系统机制，更好地为徐圩新区的建设服务。

本章主要介绍了徐圩新区海事与治安监控平台建设中的工程技术措施和雷达监控系统等内容。

## 6.1 建设概况

### 6.1.1 建设意义

海事与治安监控平台是建设"数字海洋"工程，提升海域管理、公益服务能力和水平的重要举措，建成运营后将有效地完善跨地区的海洋综合管理机制。海事与治安监控平台的建设将有效提升徐圩新区公共服务功能，在治安管理和海事监控方面的水平将得到有效提高。通过建设监控平台，充分发挥视频监控系统的作用，实现实时监控、及时发现、科学决策、快速处置，以完善社会治安监控系统机制，更好地为新区建设服务。

海事与治安监控平台的建成可以实现通过海事电视监控系统直观地观察水上交通的现场态势，提供准确、清晰的航道视频信息，及时客观地了解监控现场船舶交通动态，及时发现违章操作与事故，为现场管理指挥与决策提供第一手材料，以便迅速、正确地采取有效的应对措施。

在海事与监控平台的建设中，为了充分发挥雷达站的平台功能，将海事远程监控、船舶调度和港区的治安管理等服务功能融于一体，全面提升完善港区的服务功能（图6-1）。

图6-1　海事与治安监控平台

### 6.1.2　工程概况

海事与治安监控平台位于徐圩港区陬山一路和海滨大道交汇处以西地块。总用地面积约27200m²，总建筑面积5197m²。建设内容包括海事与治安监控平台、车库、设备检查间、仓库、设备机房、宿舍、配套业务用房、道路、绿化及附属设施等，总投资7284.15万元。

海事与治安监控平台的主体建筑为高100m的塔式建筑，其中塔体高80m，桅杆高20m，总建筑面积768m²，配套建筑总建筑面积4429m²，其中包括车库、设备检查间等，具体情况如表6-1所示。

海事与治安监控平台各建筑功能一览表　　表6-1

| 项目 | 功能 | 面积（m²） | 备注 |
|---|---|---|---|
| 主体建筑 | 塔内办公及公共服务用房 | 750 | 地面以上 3 层，底层为开敞式空间 |
| | 塔顶建筑 | 18 | 顶层可 360° 旋转高空瞭望，用于安装雷达监控等设备 |

| 项目 | 功能 | 面积（m²） | 备注 |
|------|------|-----------|------|
| 配套建筑 | 车库 | 900 | — |
| | 设备检查间 | 450 | — |
| | 仓库 | 800 | — |
| | 设备机房 | 500 | — |
| | 宿舍 | 600 | — |
| | 配套服务用房 | 1179 | — |

海事与治安监控平台由3个功能部分组成：

### 1. 饮食生活区

饮食生活区主要建筑为宿舍，满足区域内办公人员以及外来人员必要的饮食生活需求。

### 2. 主体工作区

主体工作区主要建筑为海事与治安监控平台，一层为开敞式空间，便于车辆停放；二层为业务办公区域，用于主体办公、治安管理以及应急指挥等；三层为塔顶平台，用于安装雷达等监控设备。

### 3. 辅助配套区

辅助配套区主要建筑为车库、设备检查间、仓库、设备机房、宿舍、配套业务用房等。通过建设必要的辅助配套设施来维持项目区域内的日常工作，提高监控平台的办事效率和水平。

海事与治安监控平台总平面布置如图6-2所示。

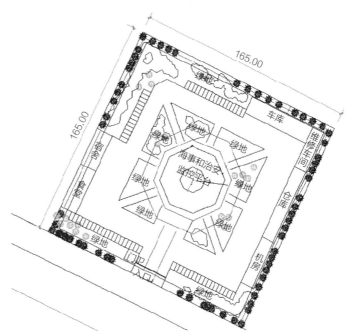

图6-2　海事与治安监控平台总平面布置图

海事与治安监控平台工程在建设时，南侧依托已有海堤，新建东、西、北侧围捻，围捻长度均为165m，围捻总长度495m，形成近似正方形的填海范围。围捻平面布置如图6-3所示。

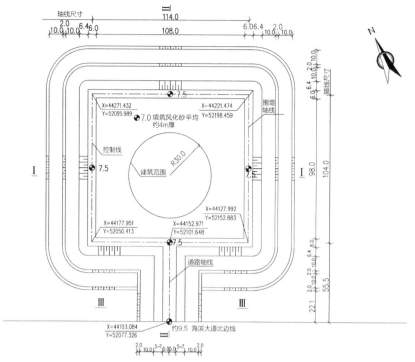

图6-3　围捻平面布置图

## 6.2　工程技术措施

### 6.2.1　工程建设条件

#### 1. 工程地质条件

徐圩地区沿岸总体上属于废黄河水下三角洲北缘的一部分，历史上受黄河夺淮入海期泥沙扩散淤积的影响，沿岸底部普遍沉积了厚度不等的粉砂—黏土质淤泥沉积层，最厚达30~40m，岸滩呈现淤泥质海岸特点。该工程区域的地貌类型为水下淤泥质浅滩，泥面标高-8.33~-4.49m，水下地形开阔平坦。

根据勘察资料，工程场地地层自上而下分布有全新统海相沉积层（$Q^{4m}$）、新2统冲积层（$Q^{4al}$）、全新统冲洪层（$Q^{4al+pl}$）。全新统海相沉积层（$Q^{4m}$）由淤泥组成，流塑，压缩性极高，工程地质性能极差；新2统冲积层（$Q^{4al}$），岩性为黏土、粉质黏土，可塑，工程地质条件一般；全新统冲洪积层（$Q^{4al+pl}$），岩性为黏土、粉质黏土，可塑—硬塑，夹少量砂，工程地质条件较好。各代表地层物理力学指标如表6-2所示。

各地层物理力学性质指标一览表　　　　　　　　　　　　表6-2

| 岩土名称 | 天壤含水量 $W$（%） | 天然密度 $\gamma$（g/cm³） | 天然孔隙比 $le$ | 76克锥稠度 | | 压缩 | | 块剪 | | 固结快剪 | |
| | | | | 塑性指数 $IP$ | 液性指数 $IL$ | 压缩系数 $a_{0.1\text{-}0.2}$（MPa⁻¹） | 压缩 $ES_{0.1\text{-}0.2}$（MPa） | 黏聚力 $C_g$（kPa） | 内摩擦角 $\varphi_g$（°） | 黏聚力 $C_g$（kPa） | 内摩擦角 $\varphi_g$（°） |
|---|---|---|---|---|---|---|---|---|---|---|---|
| 粉砂混淤泥 | 37.6 | 1.82 | 1.047 | | | 0.43 | 5.76 | 22 | 8.6 | | |
| 淤泥 | 72.2 | 1.58 | 1.984 | 27.8 | 1.67 | 2.25 | 1.35 | 6 | 0 | 13 | 4.3 |
| 黏土 | 23.2 | 2.01 | 0.680 | 18.7 | 0.27 | 0.16 | 10.6 | 83 | 17.5 | 106 | 20.9 |
| 粉质黏土 | 20.4 | 2.05 | 0.598 | 12.9 | 0.36 | 0.16 | 10.2 | 89 | 19.1 | 118 | 23.2 |

## 2. 岸滩稳定性分析

2007年分别对坪子口两侧的5处断面进行了地形测量，测量结果显示，2007年3~9月本地区基本呈现冲淤平衡、略有冲刷的状态。其中个别断面5~10m等深线冲刷幅度达10cm左右。原因为测量期间连云港地区韦帕台风过境，台风后局部沙滩发生冲刷，故属于过程性冲刷。在5m等深浅以浅的近岸滩坡区，由于处在波浪经常作用的范围内，加上沿岸潮流对冲刷泥沙的运移作用，表现为略有冲刷为主。而灌河沙体主要分布在-7m以下，处于常年风浪作用范围以外，流速也较弱，所以沙体运动的动力条件不足，预计将进一步趋于稳定。

## 3. 潮汐特征及设计水位

海州湾潮汐受南黄海旋转潮波系统控制，无潮点位于本海区东南，地理坐标为34°N，122°E。本海区潮汐性质属非正规半日浅海潮，在每个潮汐日内出现两次高潮和两次低潮，两高两低非常接近，日潮不等现象不显著。本海区潮汐强度中等，平均潮差约为3.4m；落潮历时大于涨潮历时，平均落潮历时6小时48分，平均涨潮历时5小时38分。

据连云港庙岭潮位站1996—2000年潮位观测资料统计，本港区潮位特征值如下：多年最高高潮位6.48m，多年最低低潮位-0.38m，平均海平面2.97m，年平均高潮位4.84m，年平均低潮位1.18m，多年最大潮差6.11m，多年最小潮差1.40m，平均潮差3.69m。

根据2005年9月和2006年1月水文测验期间小丁港临时潮位观测资料，与连云港长期潮位站同步潮位资料建立相关性，推算获得徐圩港区设计水位如下：设计高水位5.41m（高潮累积频率10%），设计低水位0.47m（低潮累积频率90%），极端高水位6.56m（50年一遇高潮位），极端低水位-0.68m（50年一遇低潮位）。

### 6.2.2 填海工程

海事与治安监控平台工程设计潮位及波要素均取50年一遇，地基采用抛石挤淤堤结构，围堤顶标高7.5m，堤顶宽度为6m，堤身抛填石料约18万m³。填海造地采用围堰内回填土方案，工程回填需土方约10万m³，土方主要来自海堤内侧拟开挖西港河道土方，不足部分通过外购砂料进行补充，围堰内采用四分格回填，保证地基的均匀性。图6-4为填海工程施工现场。

填海工程主要工程量如表6-3所示。

| | 填海工程主要工程量 | 表6-3 |
|---|---|---|
| 序号 | 项目名称 | 工程量（m³） |
| 1 | 10~300kg 块石 | 179877.54 |
| 2 | 1000kg 块石 | 2463.30 |
| 3 | 100~400kg 水抛棱体 | 19058.16 |
| 4 | 填筑风化砂 | 95586.75 |
| 5 | 陆上理坡 | 3466.87 |

堤身抛填完成后用挖掘机进行堤身内外侧理坡，理坡完成后进行堤身外侧护面。因抛石堤为透水堤，为防止内侧回填土在潮水作用下流失，回填前堤身内侧先进行倒滤层施工，然后抛填土方。施工流程如图6-5所示。

### 6.2.3 建筑结构

海事与治安监控平台主体建筑为塔式建筑，结构形式采用钢结构，其中业务用房一层直径25m，建筑面积500m²，包括指挥中心、治安管理、办公区域、食堂；业务用房二层直

图6-4 海事与治安监控平台钢结构施工现场

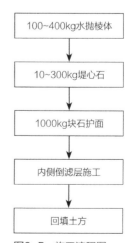

图6-5 施工流程图

径18m，建筑面积250m²，包括监控设备用房、工作人员业务用房；业务用房三层为装饰层。其中底层为开敞式空间，用作大堂、宣传，便于各种车辆停放。

配套建筑中，车库为单层砖混结构，层高3.3m；设备检查间为单层砖混结构，层高4.2m；仓库为门式刚架，檐口高为4.2m；宿舍为2层砖混结构，层高为3.3m；门卫房为单层砖混结构，层高为3.6m。

为满足《公共建筑节能设计标准》的要求，生活办公区屋面采用复合聚氨酯板保温，高分子卷材防水；外墙面采用复合聚氨酯板外保温，抹高级涂料饰面，外窗采用彩色断热铝合金型材中空玻璃窗；厨房、餐厅、卫生间内墙采用瓷砖饰面，其余内墙采用乳胶漆饰面；楼地面采用防滑砖楼地面，吊顶采用轻钢龙骨矿棉板吊顶，厕所采用铝合金板吊顶。图6-6为海事与治安监控平台钢结构全貌。

图6-6 海事与治安监控平台钢结构全貌

## 6.3 VTS 雷达监控系统

海事与治安监控平台顶层为360°旋转高空瞭望台,安装雷达监控等设备,用于监控海上及徐圩港区的后方安全,系统采用SharpEye™ VTS 雷达。

VTS系统组成包括:数据采集、数据传输、数据处理、数据综合应用,如图6-7所示。其中,目标数据采集设备是雷达和AIS(船舶自动识别系统)。

雷达:能对覆盖区内的所有目标自主进行探测、跟踪和动态数据采集;不能对目标进行识别。

AIS:通过岸基AIS网,能对覆盖区内装有AIS的船舶进行识别、跟踪以及动态数据、静态数据、航次数据等的采集,但数据采集受船载AIS的状况等因素限制。

将雷达和AIS综合运用,可使VTS功能得到提高和扩展。

海事与监控平台采用了X波段相控阵电波扫描技术,SharpEye™ VTS 雷达具有如下特点。

### 6.3.1 全固态、低功耗、无高压

高可靠性,无高压设备(脉冲功率170W),维护要求低,S/X波段收发机MTBF(平均无故障工作时间)均超过50000h。不用磁控管,无须预热时间。功耗小、发射机整机效率超过50%(比电子管发射机提高1倍),采用空气冷却即可。

### 6.3.2 采用脉冲压缩技术

脉冲压缩比为400(最大1000),可以获得更远的作用距离和更高的距离分辨力。

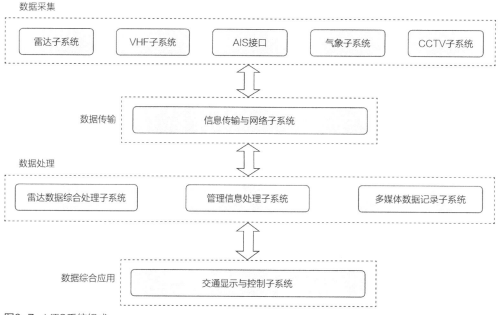

图6-7 VTS系统组成

### 6.3.3 采用脉冲多普勒技术

提高雨、雾和海杂波环境下目标检测和跟踪的性能。

### 6.3.4 采用多级全固态功率放大器

X/S波段全固态雷达分别拥有13/2级全固态功率放大器，当一级功率放大器失效时，系统在降低部分发射功率的情况下仍可正常工作。

### 6.3.5 发射频率可供选择

X/S波段雷达分别内置14/8个可选频率，可制定频率协同计划和进行更好的干扰抑制。

### 6.3.6 采用两单元结构

可减少波导损耗、降低初期建设费用。

SharpEye™ VTS 雷达监控系统主要以现代数字通信技术和 GPS全球定位技术，组成一套集监视、跟踪、通信、指挥、控制为一体的海面监控指挥系统。其主要特点是在各种恶劣气象海情条件下，能够全天候准确地提供海上各种不同类型目标的位置、类型、航向航速。该系统技术先进，作用距离远、自动化程度高、多功能、多目标、高精度、高可靠性、易操作、人机界面友好。主要用于港口船舶交通安全管理，海上缉私监视指挥，过海过江光缆电缆等通信设备的保护，海上救护的组织实施。该系统中的海事雷达在方位上采用X波段相控阵电波扫描技术，扫描速度快，具有多种扫描模式，可以边搜索边跟踪，模式转换灵活，无噪声，无岸上微波污染，能量使用效率高，是国际上将先进的相阵雷达技术在海事雷达监控工程中成功实现的典范。该系统还采用微波宽带雷达超视距技术，充分利用海面大气波导效应，使雷达系统实现超视距工作。雷达终端采用先进的数字处理技术，计算并指示目标数据，完成监视、测量、报警、记录、跟踪和显示，同时可对雷达信息和通信信息进行存储和复现。

## 6.4 工程监测结果分析

### 6.4.1 监测点布置

海事与治安监控平台（简称海事监控平台）所处工程场地地质条件较差，同时又为围海造地，因此在建成后进行了沉降监测工作，共布置了36个监测点，如图6-8所示。其中，监测点1~9位于海事监控平台塔底，监测点10~19位于塔底外围，监测点20~36位于整个平台外围。

### 6.4.2 监测结果分析

图6-9为监测点1~10的沉降情况，可以看出最大沉降约400mm，位于监测点5处，从图6-8可以看出，监测点4、5、6、7均位于监事平台北侧即临海一侧，因此，此处的沉降量较大。其余各处沉降量在350mm左右，最大沉降差约为50mm。

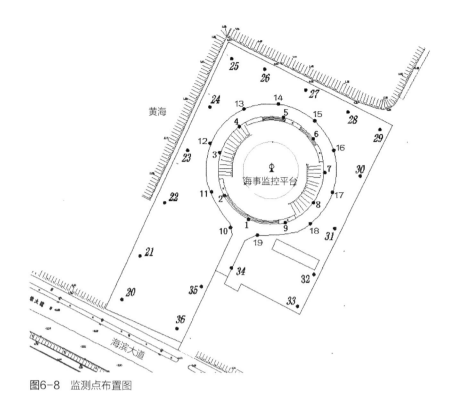

图6-8　监测点布置图

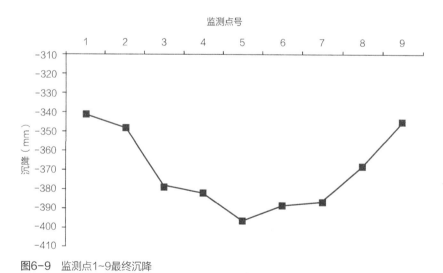

图6-9　监测点1~9最终沉降

　　图6-10为监测点10~19的沉降情况，其沉降分布特征与前述类似，即临海一侧沉降量较大，其中最大沉降发生在监测点14、15附近，沉降量约220mm，临岸一侧沉降量在120mm附近，最大沉降差约110mm。整体沉降量较监测点1~9小。

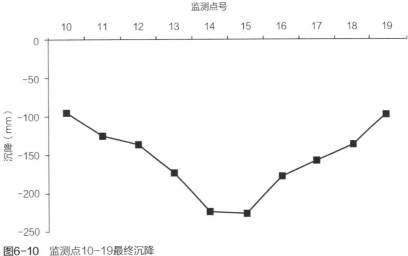

图6-10　监测点10~19最终沉降

　　图6-11为监测点20~36的沉降情况，其沉降分布特征仍然是临海一侧沉降量较大，其中最大沉降发生在监测点28、29附近，沉降量约180mm，临岸一侧最小沉降量在10mm附近，最大沉降差约170mm。整体沉降量较海事监控平台附近监测点小，说明海事监控平台的荷载对沉降的发展存在一定的影响，即海事监控平台附近处沉降较大，其余部位沉降较小。

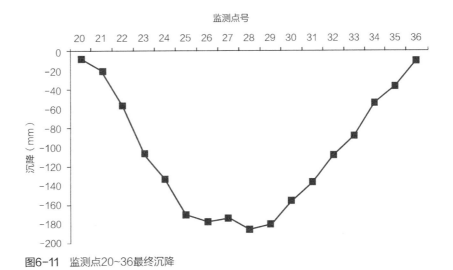

图6-11　监测点20~36最终沉降

　　为了分析海事监控平台平台稳定性情况，现将沉降随时间的发展规律进行展示，由于监测点较多，仅选取了部分监测点进行展示。图6-12为监测点1、3、5的沉降历时曲线，可以看出完工后1年内的沉降曲线较陡，自2017年12月后，沉降发展趋于平缓，说明地基变形已近稳定。

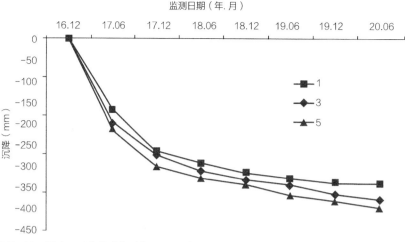

**图6-12** 沉降历时曲线（监测点1、3、5）

图6-13为监测点1、3、5的沉降速率变化情况，可以看出最初沉降速率约1.1mm/d，完工1年后沉降速率约0.2mm/d，近期监测数据显示各监测点的沉降速率约0.05mm/d，说明沉降发展基本稳定。

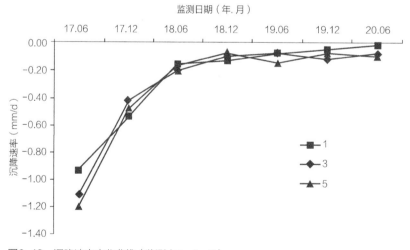

**图6-13** 沉降速率变化曲线（监测点1、3、5）

图6-14为监测点10、12、14的沉降历时曲线，可以看出沉降发展规律与前述类似，完工后1年内的沉降曲线较陡，完工1年后，沉降发展趋于平缓，说明地基变形已近稳定。

图6-15为监测点10、12、14的沉降速率变化情况，可以看出最初沉降速率的差别较大，即临海一侧较大，临岸一侧较小，其中临海一侧沉降速率约0.9mm/d，临岸一侧约0.3mm/d。完工1年后沉降速率0.1~0.3mm/d，近期监测数据显示各监测点的沉降速率约0.01mm/d，说明沉降发展基本稳定。

图6-16为监测点21、23、25的沉降历时曲线，可以看出沉降发展规律仍与其他监测点类似，完工后1年内的沉降曲线较陡，完工1年后，沉降发展趋于平缓，说明完工1年后海事监控平台地基变形已近稳定。

图6-17为监测点21、23、25的沉降速率变化情况，可以看出最初沉降速率的差别同样较大，即临海一侧较大，临岸一侧较小，其中临海一侧沉降速率约0.6mm/d，临岸一侧约0.1mm/d。完工1年后沉降速率0.05~0.2mm/d，近期监测数据显示各监测点的沉降速率约0.008mm/d，说明沉降发展基本稳定。

从海事监控平台整体沉降发展来看，其沉降量存在明显的北大南小特征，即临海一侧较大，临岸一侧较小。各监测点沉降量均在完工1年后趋于平缓，近期监测显示，其沉降速率均小于0.05mm/d，说明沉降发展已近稳定，证明前期地基处理符合工程要求。

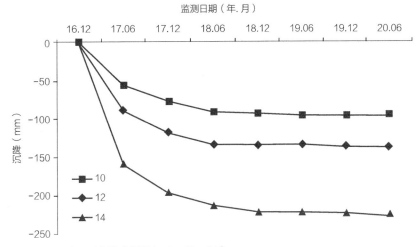

图6-14 沉降历时曲线（监测点10、12、14）

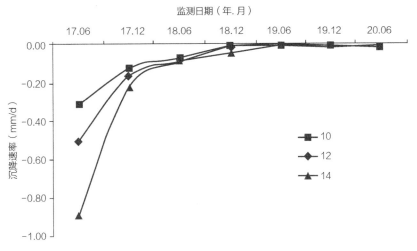

图6-15 沉降速率变化曲线（监测点10、12、14）

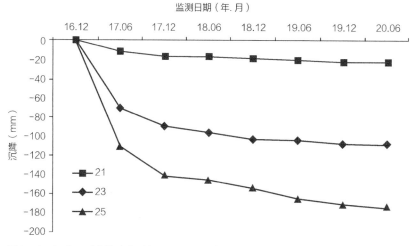

图6-16 沉降历时曲线（监测点21、23、25）

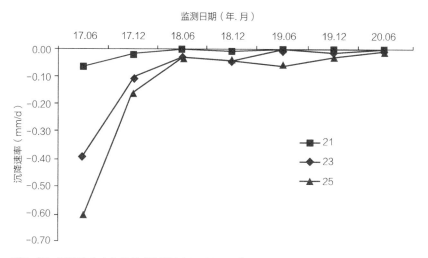

图6-17 沉降速率变化曲线（监测点21、23、25）

徐圩新区作为大型临港产业区，道路桥梁等交通设施的建设对产业区快速发展起着重要的作用，保证了产业区物流运输和港口货运的效率。由于该地区属于滨海淤泥土质环境，其工程性质较差，给路桥工程建设带来了巨大的挑战。

本章对产业区内2条主要道路和1座重要互通立交桥的工程建设情况进行介绍，包括工程建设的过程和对工程难点采取的技术措施等内容。

# 第7章 道路桥梁建设

## 7.1 主要道路建设

徐圩新区经过十二年多的建设，已经建成各等级道路70多条，各类桥梁120余座（其中立体互通1座，大桥特大桥6座），海滨大道、江苏大道（228国道）、港前大道、徐新公路、张圩河路等重大集疏运体系和对外连接通道实现贯通，累计建成道路里程约275km，累计完成投资约120亿元，形成了"五纵五横"的干线路网框架，其中张圩互通立交桥是"五纵五横"干线路网中的重要节点工程。

由于徐圩新区属于滨海相沉积地貌，地势平坦，但地质情况较差，淤泥深达14m，给道路建设工程带来很大的技术难题。其中典型的例子就是海滨大道和徐新路的建设，海滨大道使临港产业区与连云港港及连云新城得到了有效串联，徐新路加强了临港产业区与连云港市中心的联系。因此海滨大道和徐新路对临港产业区的发展有着重要推动作用。但是，由于海滨大道临海建设，且跨越多处河流，路基填筑难度非常大。而徐新路的修筑则涉及山丘地貌、平原地貌，面临崩塌、落石、软土、砂土液化等不良地质作用。因而，在所有已建成道路中，海滨大道和徐新路的修筑难度最大。

张圩互通立交桥是一座互通式立交桥，是连接东西干道张圩港河路和南北干道江苏大道的交通枢纽工程。该桥的桥面面积与桥梁占地规模大，是徐圩新区最重要的桥梁。

## 7.2 张圩互通立交桥

张圩互通立交桥是连接张圩港河路和江苏大道（228国道）两条干道的交通枢纽工程，它联通了南北向交通江苏大道和东西向交通张圩港河路，既保障了江苏大道兼国道的高效交通运输，也成为张圩港河路连通徐圩新区与连云港中心市区的交通节点，在徐圩新区道路交通网中具有极为重要的作用。张圩互通立交桥的建成，对于完善徐圩新区区域路网和促进临港产业区经济发展有着重要的意义。

### 7.2.1  建设概况

张圩互通立交桥位于江苏大道及张圩港河路交汇处，是国家临海高等级公路连云港段的重要控制性工程，也是徐圩新区第一座互通式立交桥，以其在区域道路交通网中的作用和自身规模而言，称得上是徐圩新区道路交通设施中最有代表性的工程。

张圩互通立交桥于2012年12月开始建设，历时两年半，于2015年6月建成通车。该桥桥梁长度1174.4m，上部结构采用装配式预应力混凝土组合箱梁和现浇预应力混凝土连续箱梁。下部结构采用柱式墩、肋板台、钻孔灌注桩基础。先后完成了桩基244根、25m预制箱梁216片、28m预制箱梁40片、现浇箱梁10联，桥头接线双向搅拌桩65万延米，土石方14万m$^3$，建设总投资1.4亿元。

张圩互通立交主线江苏大道（国道G228）共线段设计速度100km/h，断面宽度26m，道路等级为一级公路，被交道徐新路的设计速度为80km/h，近期实施断面宽度32.5m（远期规划断面宽度60m），道路定位于城市快速路，互通匝道设计速度采用40km/h。匝道采用单向单车道（8.5m）、单向双车道（10.5m）两种断面标准。张圩互通立交桥如图7-1所示。

图7-1  张圩互通立交桥

### 7.2.2　工程地质条件

根据区域资料，工程场区第四纪地层沉积厚度和岩性特征受基底基岩起伏、古地貌形态、水流条件所控制。下伏前震旦系中期云台岩群花果山岩组浅粒岩、变粒岩及片麻岩。第四系地层由上更新统及全新统地层组成。全新统地层为粉质黏土及海相淤泥；上更新统地层为灰黄色粉质黏土、黏土夹粉土和粉砂薄层。第四纪覆盖层厚度大于80m。

根据地层岩性、时代成因、物理力学性质，将工程场区分为6个主要工程地质层。表层①-1层素填土、②层淤泥质黏土及③层淤泥为全新统地层；④～⑥层为上更新统地层。其中，④层为冲海积相灰黄色粉土和粉质黏土；⑤1和⑤1a层为灰色粉质黏土和粉质黏土混粉砂或粉砂；⑤2和⑤2a层为灰黄色粉砂和粉质黏土混粉砂；⑤3层为灰黄色中砂；⑥层为冲积相棕褐色或黄褐色黏土，顶部普遍分布有灰绿色或蓝灰色的中砂或粉质黏土混砂。

据区域资料及勘察成果可知，对工程影响较大的土层为软土及盐渍土。

#### 1. 软土

软土的主要特性为含水量高、孔隙比较大、具高压缩性、低强度等，为软弱地基土。软土的工程地质性质较差，同时由于埋藏较浅，厚度大，易形成不均匀沉降，为影响路基稳定的不良工程地质层。不宜直接作为路基持力层，尤其在路桥接合部位路基段，宜进行地基变形计算，采用技术可行、经济合理的方法进行整治。因此张圩互通立交桥工程中采用了水泥土搅拌法进行处理，桥基宜采用桩基，直接穿越软土层。

#### 2. 盐渍土

盐渍土具有溶陷性、膨胀性和腐蚀性，其地基承载力变化大，会随着季节和气候的变化而变化。在干燥时盐分呈结晶状态，地基承载力较高，一旦浸水后，晶体溶解变为液体，承载力降低，压缩性增大；土中含硫酸盐类结晶，体积膨胀，溶解后体积缩小，易使地基土的结构破坏，强度降低并形成松胀盐土；由于盐类遇水溶解，使地基容易产生溶蚀现象，降低地基的稳定性。在天然状态下，盐渍土为很好的地基，一旦自然条件改变就会产生严重的溶陷、膨胀和腐蚀，破坏路面。

为减少或消除盐渍土的危害，本工程采取了以下措施：清除表层含盐多的盐渍土而代之以非盐渍土类的粗颗粒土层（碎石类土或砂土垫层），从而隔断有害毛细水的上升；铺设隔绝层或隔离层，以防止盐分向上运移；采用垫层、重锤击实及强夯法处理浅部土层，可消除基土的湿陷量，提高其密实度及承载力，降低透水性，阻挡水流下渗，同时破坏土的原有毛细结构，阻隔土中盐分向上运移；施工时应做好现场降排水，防止含盐水在土层表面及基础周围聚集而导致盐胀。

### 7.2.3　总体设计

张圩互通立交桥为全苜蓿叶型，新建匝道桥10座，主线桥1座，涵洞1个。主线跨张圩港河、被交道张圩港河路（徐新公路）、沿海铁路支线及方洋港河，设张圩互通主线桥、方洋港河小桥两座，其中张圩互通立交桥跨张圩港河、被交道张圩港河路（徐新公路）、沿海铁路支线主线桥为新建桥梁，方洋港河小桥为已建桥梁。为了避免方洋港河小桥拼宽所带来的难度，匝道E、F在过方洋港河小桥后与主线相接。受张圩港河及沿海铁路支线的控制，环圈匝道A、B、C、D沿被交道方向的长度相对较长，右转匝道E、F各设置跨铁路桥和跨方洋港河小桥2座；右转匝道G、H各设置跨张圩港河桥1座。

张圩互通立交桥平面布置如图7-2所示。

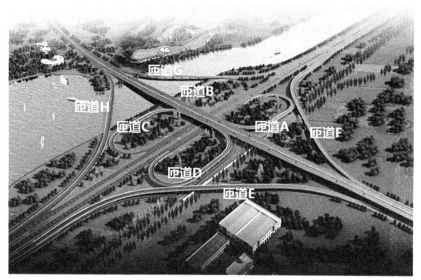

图7-2　张圩互通立交桥平面布置图

### 7.2.4　互通立交设计指标

张圩互通包括主线2200m，互通匝道设计7380.917m（净长4577.8429m）。路基土石缺方11.2万m³，互通占地41.39万m²，总造价40519.4万元。

#### 1. 平面线形设计

本互通主线位于$R$=3000m平曲线段，匝道最小平曲线半径为50m。平曲线参数均满足规范要求，曲率变化满足行车要求。

匝道与主线江苏大道（国道G228）出入口设置加减速车道，加速车道采用平行式，长度为200m，渐变段80m；减速车道采用直接式，车道长度大于125m，渐变段长度大于90m，渐变率≤1/25。

#### 2. 纵断面线形设计

纵断面设计充分考虑了与平面线形的组合，尽可能取得良好的视觉效果，行车舒适、顺畅。互通内匝道最大纵坡3.5%，在被交道与匝道出入口处，匝道纵坡与被交道纵坡平顺连结，各项指标均满足规范要求。

#### 3. 设计线位置、超高与加宽

匝道平面设计中线、标高设计线、超高旋转轴均为行车道中心线。

互通范围内匝道最大超高6%，其他超高横坡值均满足规范所规定的值。在匝道与匝道、匝道与被交道拼接处的横坡由主要匝道或主线的横坡和竖曲线决定，超高过渡按三次抛物线渐变。

### 7.2.5 路基与路面设计指标

#### 1. 路基横断面设计

（1）路基标准横断面布置

1）主线路基标准横断面

张圩互通立交桥工程主线为双向四车道一级公路，设计速度为100km/h，主线路基宽度为26.0m。路基断面构成为：中间带3.5m（其中左侧路缘带为2×0.75m，中央分隔带2.0m），行车道2×2×3.75m，硬路肩2×3.0m，土路肩2×0.75m。土路肩采用4%的横坡，行车道和硬路肩均采用2%的横坡。主线路基标准横断面如图7-3所示。

2）匝道路基标准横断面

单向单车道匝道路基标准横断面：路基宽度8.5m，其中行车道3.5m，左侧硬路肩（含左侧路缘带0.5m）1.0m，右侧硬路肩（含右侧路缘带0.5m）2.5m，土路肩2×0.75m。路基设计标高为行车道中心线处路面设计标高。

单向双车道路基标准横断面：路基宽度10.5m，其中行车道宽2×3.75m，左侧硬路肩（含左侧路缘带0.5m）1.0m，右侧硬路肩（含左侧路缘带0.5m）1.0m，土路肩2×0.5m。路基设计标高为行车道中心线处设计标高。

3）被交道路基标准横断面

被交道徐新路远期规划断面宽为60m，断面形式为：8m中分带+2×12.25m行车道+2×3.5m侧分带+2×5m非机动车道+2×1.5m绿化带+2×3.75人行道。徐新路近期断面宽为32.5m，双向6车道一级公路，设计速度为80km/h，路基宽度32.5m，路基断面构成为：中间带9.0m（其中左侧路缘带为2×0.50m，中央分隔带8.0m），行车道2×3×3.75m，土路肩2×0.50m。土路肩采用4%的横坡，行车道采用2%的横坡。

（2）路基边坡、护坡道及边沟

1）主线及匝道外侧

全线均为填方路段，且路基填土高度均≤4m，因此一般路段路基采用流线形边坡。路

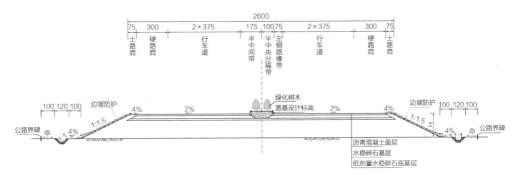

图7-3　路基标准横断面布置

堤边坡坡率为1：1.5，护坡道宽1.0m。主线外侧及匝道外侧边沟采用底宽为0.4m，深为0.4m的梯形边沟，边沟坡率为1：1，上口宽为1.2m。土路肩、坡脚及边沟等转角处均宜作圆弧处理，形成流畅优美的视觉效果，护坡道设置向外倾4%的横坡。

2）主线及匝道内侧

匝道与主线、匝道与匝道所包范围内的路堤边坡宜结合自然地形适当放缓，营造自然地形来排除互通范围内的水，主体工程设计时采用1：1.5的边坡坡率，地形整治为1：3缓坡，缓坡整治的工程量另计入景观绿化工程设计中，外侧边坡形式与主线一致。

（3）挡土墙设计

挡墙路段位于A、B匝道与被交道交汇路段，由于匝道与被交道路面紧贴并且路面存在高差，故采用挡土墙进行防护，挡墙形式为悬臂式挡墙，A匝道挡土墙长50m，B匝道挡土墙长40m。挡土墙采用C30混凝土现浇，基础承载力要求≥150kPa，地基采用与匝道一般路段相同的双搅粉喷桩处理，双搅粉喷桩桩径50cm，桩间距1.2m，呈梅花形布置。

**2. 特殊路基设计**

（1）不良地质及特殊性土

本线路所经过区域均为海积平原区，地面标高一般在2.80m。沿线不良地质及特殊土主要为③层软土及盐渍土。线路经过区域均有软土层分布，为全新统海相沉积物，岩性以淤泥、淤泥质黏土为主。该层软土具含水量高、孔隙比大、高压缩性等特点，工程地质条件差，在地震作用及振动载荷的作用下，易产生侧向滑移、不均匀沉降及蠕变等工程地质危害。

本工点桥位区范围内含盐量为0.30%～6.42%，平均为1.55%，均为盐渍土，盐渍土类型为氯盐渍土。由于项目路基填筑材料为碎石土，能起到隔离作用，故对于盐渍土路段不做特殊处理。

（2）特殊路基处理方案

1）双搅粉喷桩

张圩互通一般路段、桥头段采用双向水泥搅拌桩处理。复合地基处理路段与非深层处理路段之间采用钢塑土工格栅处理，处理长度为30m，其中15m搭入复合地基处理路段，钢塑土工格栅铺设两层，层间距20cm。粉喷桩处理宽度为边沟外缘，桥台前处理至台前锥坡外1m。双搅粉喷桩桩径50cm，桩间距为1.2～1.6m，呈梅花形布置。

2）抛石挤淤+超载预压+反压护道

主线老路拼接路段采用抛石挤淤+超载预压处理。被交道老路拼接路段采用抛石挤淤+超载预压+反压护道处理。由于地下水埋深较浅且淤泥的渗透性较小，地下水位不易降低，土基顶部缺失硬壳层。采用强制置换饱和软土地基的处理方法，可达到改良土质、增加地基强度、减少土体压缩变形的目的。对于一般路段，分层抛填厚度≥200cm的块石（塘底以下150cm厚度块石粒径宜大于30cm）至塘底以上50cm，对于局部不能保证80cm厚路床的路段，可适当降低抛石顶面。抛石厚度2m为设计厚度，施工时可根据现场具体情况适当调整，但需满足施工车辆的通行及保证抛石顶面至路床顶标高不小于80cm，且需保证路床顶至开挖面高度不小于180cm，并满足最后两遍的压实沉降差不大于5mm。对于非深层处理路段，为增强路基的稳定性，对于填土高度较高的路段增加反压护道，反压护道采用开挖翻晒的淤泥填筑，并与路堤同时填筑，压实度要求不小于85%。抛石挤淤+反压护道路段结合超载预压处理，预压高度1.5m，预压时间不小于6个月，以加速初期沉降，减少工后沉降。

### 3. 双搅粉喷桩的使用

（1）设计参数

双搅粉喷桩设计桩身的无侧限抗压强度为$R_{90}$=1.2MPa，参照设计强度$R_7$=0.5MPa，$R_{28}$=0.8MPa。双搅粉喷桩桩径为0.5m，梅花形布置，桩距采用1.2～1.6m。水泥搅拌桩实际使用的喷入量必须通过室内配合比试验确定，根据土样天然含水量、孔隙比的不同，应做不同配合比的试验，以确定最佳喷入量。

通过试桩掌握下钻及提升的困难程度，确定钻头进入硬土层电流变化程度；确定合适的输灰泵的输灰量；掌握水泥干粉经输灰泵到达搅拌机喷灰口的时间；掌握预搅正反下钻速度、粉体搅拌桩机正反向提升速度等施工参数。

（2）施工工艺

根据设计单位设计并经监理工程师复验的导线点、水准点，依照施工图设计文件及双向搅拌粉喷桩平面布置图进行放样，放出路基中心线、边线及钻孔灌注桩的位置，用竹签和白石灰将双搅粉喷桩桩位逐点放样，放样要使用钢尺，桩位偏差不得大于5cm。在灌注桩两侧布设桩位时应预留钻孔桩施工的位置，预留净距不得小于50cm。桩位布置好后，待监理工程师验收合格后方可施工。施工工艺流程如下（图7-4）。

1）整平场地；

2）双向搅拌机定位：双向搅拌机移动，将钻头对准桩位；

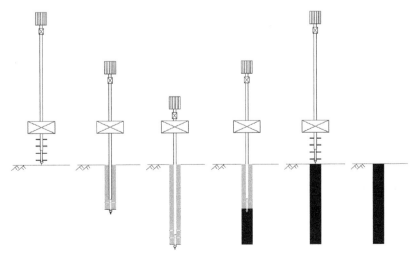

图7-4 双搅粉喷桩施工工艺流程图

3）下钻：先启动内钻杆钻头（反向），后启动外钻杆钻头（正向），然后启动加压装置，加压装置中的链条同时对内外钻杆加压，使内外钻杆沿导向架向下，内钻头先切土、入土，外钻头后入土、搅拌；

4）喷灰、搅拌：开启喷粉装置，在内钻头（反向）入土后喷灰，其2层旋转叶片中，下面1层是破土，上面1层为搅拌；外钻头（正向）入土后，其2层旋转叶片作用为搅拌、压灰；直到钻至设计深度，停止喷灰；

5）提升、搅拌：在达到设计深度时，先将外钻杆钻头换向（反向），后对内钻杆钻头换向（正向），同时对加压装置换向，链条将钻头提升至设计桩顶标高，完成双搅粉喷桩施工。

### 4. 抛石挤淤

（1）抛石挤淤采用分层填筑，对于沿线表层淤泥失水干硬路段，为防止表面干硬淤泥层遇水软弱，使得已抛填片石重新挤入淤泥层，抛石前应先清除地表干硬淤泥土。

（2）抛石顺序从原有路基边缘向外侧扩展，以20～50m长度依次推进。抛填后若无明显沉降，可进行下一段施工，若块石沉降量较大，则需增加一层块石，直至其沉降量较小为止。

（3）抛石填料粒径宜大于30cm，抛投时应大小搭配，挖淤抛石换填范围为路基坡脚抛石棱体以外不小于3.5m。

（4）抛填施工时，首先利用片石自重进行初步挤淤，随后整平片石顶面，并用自重较大的推土机、挖掘机等履带车来回走动进行碾压，严禁振动碾压、冲击碾压、强夯等压实方法，以防对下层淤泥层产生扰动。

（5）抛石填筑完成后，应在抛石顶面填充粒径相对较小的碎石土，并整平，然后进行路基填料施工。

### 7.2.6 主线桥梁设计指标

#### 1. 桥梁方案

张圩互通主线桥与张圩港河路交角为90.4°，主线桥在中分带处设墩，以26m跨径跨越张圩港河路，桥下通行净高按≥5m控制。张圩互通主线桥与沿海铁路支线交角90.8°，净空要求满足8.0m×7.56m。张圩互通主线桥与规划张圩港河交角为86.7°，张圩港河无通航要求，主要功能为行洪，现有张圩港河河道排涝标准偏低，主线桥以25m跨径布置跨越。

张圩互通主线桥平面位于$R=3000$m的左偏圆曲线、$A=600$m的缓和曲线和直线上。纵断面位于$H=19.174$m，$R=17000$m，$T=340$m，$E=3.4$m，$i_1=2\%$，$i_2=-2\%$的凸形竖曲线上。全桥桥跨布置为：第一联5×25m+第二联3×25m+第三联4×25m+第四联4×25m+第五联6×26m+第六联4×28m+第七联4×25m+第八联3×25m+第九5×25m+第十、十一联2×（6×25）m。其中，第一、九~十一联采用装配式预应力混凝土组合箱梁，第二~八联采用现浇预应力混凝土连续箱梁。主线桥下部结构采用柱式墩、双排桩式台、钻孔灌注桩基础，桥梁全长1274.4m。现浇预应力混凝土箱梁均采用支架施工，由于场区内分布有13.30~15.50m厚的软弱土层，故在搭设支架前，需先采用粉喷桩+7%灰土的方式对地基进行预处理。

**2. 结构设计**

（1）现浇预应力混凝土连续箱梁

第二~八联均为现浇预应力混凝土连续箱梁，其中第二联右幅为单箱双室变宽预应力混凝土箱梁；第八联左幅为单箱双室等宽预应力混凝土箱梁；第二联左幅、第三联、第七联、第八联右幅均为单箱三室变宽预应力混凝土箱梁；第四联和第六联为单箱双室等宽预应力混凝土箱梁；第五联为单箱五室变宽预应力混凝土箱梁。

第二、三联梁高1.5m；箱梁顶宽12.75~16.75m；悬臂长2.5m，顶板端部厚0.18m，根部厚0.5m；顶板厚0.25~0.5m，底板厚0.25~0.45m；跨中腹板厚0.45m，支点处加厚；端支点横隔梁厚1.2m，中支点横隔梁厚1.8m。

第四联梁高1.5m；箱梁顶宽16.75m；其余尺寸同第二、三联箱梁。

第五联梁高1.5m；左幅箱梁顶宽22.751~29.3m，右幅箱梁顶宽20.75~29.613m；悬臂长2.169~2.523m，顶板端部厚0.18m，根部厚0.5m；顶板厚0.25~0.5m，底板厚0.25~0.45m；跨中腹板厚0.45m，支点处加厚；端支点横隔梁厚1.2m，中支点横隔梁厚1.8m。

第六联梁高1.6m；箱梁顶宽16.75m；悬臂长2.5m，顶板端部厚0.18m，根部厚0.5m；顶板厚0.25~0.5m，底板厚0.25~0.45m；跨中腹板厚0.45m，支点处加厚；端支点横隔梁厚1.2m，中支点横隔梁厚1.8m。

第七、八联梁高1.5m；箱梁顶宽12.75~16.75m；悬臂长2.5m，顶板端部厚0.18m，根部厚0.5m；顶板厚0.25~0.5m，底板厚0.25~0.45m；跨中腹板厚0.45m，支点处加厚；端支点横隔梁厚1.2m，中支点横隔梁厚1.8m。

箱梁纵向预应力束为腹板曲线束及顶底板束，腹板曲线束采用$17\phi_s15.2$mm、$15\phi_s15.2$mm高强低松弛钢绞线，M15-17、M15-15锚具及其相配套的张拉设备，施工缝处采用L15-17、L15-15连接器及其相配套的张拉设备，采用塑料波纹圆管；锚下张拉控制应力（未计锚圈口摩阻损失）$\sigma_{con}=0.75f_{pk}=1395$MPa，单束张拉力分别为3320.1kN、2929.5kN。顶、底板束采用$9\phi_s15.2$mm高强低松弛钢绞线，M15-9锚具及其相配套的张拉设备，施工缝处采用L15-9连接器及其相配套的张拉设备，采用塑料波纹圆管；锚下张拉控制应力（未计锚圈口摩阻损失）$\sigma_{con}=0.72f_{pk}=1340$MPa，单束张拉力为1688.4kN。

主线桥现浇预应力混凝土箱梁采用支架现浇分段施工，先分三段张拉施工第五联，再逐联分段施工第二~四联及第六~八联。

（2）装配式预应力混凝土组合箱梁

张圩互通主线桥第一联和第九~十一联均为25m装配式预应力混凝土组合箱梁。组合箱梁边梁宽2.85m，中梁宽2.4m，横向湿接缝宽0.75m，左右幅横向均设2片中梁，2片边梁，梁高1.4m。

（3）下部结构

桥墩墩身采用柱式结构，立柱直径1.4m，基桩采用直径1.6m钻孔灌注桩；桥台采用双排桩式结构，基桩采用直径1.2m钻孔灌注桩。全桥基桩均按照摩擦桩设计。

## 7.3 海滨大道

海滨大道全线是连云港市沿海的重要交通干道，从北向南依次穿过新城（连云新城）、老城（连云古镇）、港口（连云港港）、工业区（徐圩新区临港产业区），将海港城市最核心的"港、产、城"部分进行了有机串联，体现了连云港现代化国际海港中心的城市定位，将成为促进全市港口产业一体化发展的纽带，对加强港区之间的联系具有重要意义。本节主要介绍海滨大道徐圩新区段工程建设。

### 7.3.1 建设概况

海滨大道全长125.8km，北起连云港市赣榆区绣针河，南至灌河口，中间建设跨临洪河大桥、跨埒子口特大桥及从高公岛到烧香河闸跨海大桥。

海滨大道徐圩新区段北起田湾跨海大桥南端，南至复堆河埒子口特大桥，全长26.8km，全线规划道路断面以6车道为主，如图7-5所示。

图7-5　海滨大道

海滨大道项目为道路交通网主干道，同时兼有海堤功能。其工程地质条件与张圩互通立交桥相似。原海堤路断面如图7-6所示。

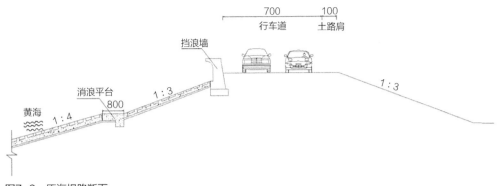

图7-6 原海堤路断面

其中，标段起点至东防波堤段为正常路段，按城市主干道设计标准，设计时速60km/h，一般段路基宽度37.5m，断面构成为：1.5m中间带，行车道2×3×3.5m，左右路缘带0.5m，左侧观海道与右侧慢行系统宽度4.5m，左侧分隔带2.5m，右侧分隔带3.5m，其标准断面如图7-7所示。东防波堤至终点段为近期临时道路，设计时速40km/h，路基宽度16m，断面构成为：分隔带0.5m，行车道2×2×3.5m，两侧路肩0.75m。

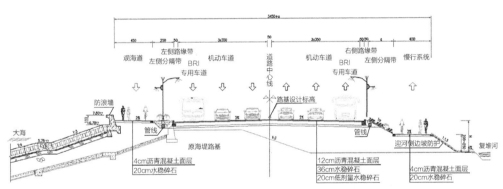

图7-7 海滨大道标准横断面

### 7.3.2 特殊路段地基处理

特殊路段地基处理包括三个方面：迎海侧抛填、背海侧水泥搅拌桩、软土路基抛石挤淤。

迎海侧拓宽观海道需在海中填筑路基，由于地下水埋深较浅且淤泥的渗透性小，地下水位不易降低，土基顶部缺失硬壳层，所以采取强制置换饱和软土地基的处理方案，以达到改良土质、增加地基强度、减少土体压缩变形的目的。抛填一级平台宽20m，标高为3.0m；二级平台宽3m，标高为4.5m；三级平台为路基顶部，标高平均为6.0m。其断面如图7-8所示。

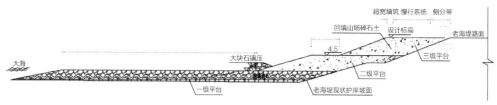

图7-8 迎海侧抛填断面

背海侧海堤路拓宽段采用水泥搅拌桩处理，老海堤沥青路面向外100cm作为桩位布置基准线，由里向外横向处理至新路基坡脚外2m，根据路基填筑高度的不同，路基外增加3~4排双搅桩。其中慢行车道左侧边线向外（B区）采用双搅粉喷桩，桩间距为1.4m，最外侧5排桩（C区）的桩间距进行加密，桩间距为1.2m，桩长H1以穿透软土0.5m控制；其他范围（A区）采用单搅粉喷桩，桩间距为1.5m，桩径为50cm。断面如图7-9所示。

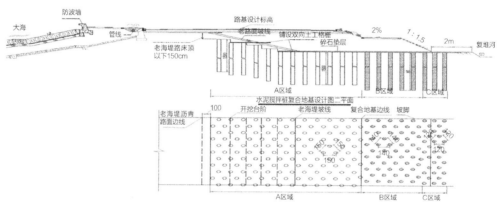

图7-9 背海侧水泥搅拌桩处理断面

K21+450至终点为软土路基，采取抛石挤淤方案，分层抛填块石至塘底以上50cm，局部不能保证80cm路床的段落，可以适当调整抛填顶面，断面如图7-10所示。

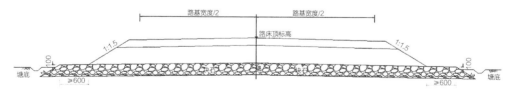

图7-10 抛石挤淤处理断面

路基填筑所采用的填料为碎石土（俗称山皮土），即自然级配碎石土，也就是当地开采自然级配碎石时产生的大量碎石土废料。不同层次填料的最大粒径要求为：路基中部碎石土最大粒径不宜大于20～30cm，路床碎石土最大粒径不应大于10cm，构造物基坑回填石料最大粒径要求小于10cm。

碎石土填筑时，采用现场试验结果和压实沉降差作为施工时的压实质量检测控制指标，可通过试验路段取得合理的压实沉降差、碾压遍数、碾压速度、机械组合等技术参数。为确保碎石土填筑路基的质量，在施工过程中重点对每层的填筑厚度，填料的最大粒径，压实机械吨位及其碾压速度、碾压遍数等加以严格控制。

### 7.3.3 主要项目工程技术

#### 1. 路基填筑

（1）施工方案

为了保证路基基底处理的质量，首层碎石土填筑以找平为主，同时为防止破坏桩体，首层填筑厚度不超过40cm，以轻压为主，根据试验段结果沉降差以不大于7mm控制。为提高路基填筑的整体性，首层铺设钢塑土工格栅，纵向极限抗拉强度≥80kN/m。其他填筑层厚度不超过50cm，连续2遍的碾压压实沉降差不大于5mm，标准差不大于3mm，表观无明显轮迹。

新老路基拼接前，拆除需要拼宽侧的老海堤路基边坡防护，自下而上逐级开挖台阶，每级的台阶按宽度200cm，高度不大于100cm进行开挖。为了提高拼接路基的整体性，协调拼接路基的变形，减少新老路基的不均匀沉降，从路基底部起每3级台阶铺设一层4m宽钢塑土工格栅，在回填至老海堤顶时连同新路基部分满铺一层钢塑土工格栅。

为切实做好路基施工的质量工作，路基施工过程中严格按照试验段确定的试验参数进行控制，首次采用了具备强效压实功的50t振动压路机进行路基碾压，并严格按照不大于5mm的压实沉降差标准执行，使路基施工的质量安全可靠。

（2）注意事项

1）构造物处施工要求

桥头施工时，对于桩柱式桥台，应先进行地基处理后填土至路床施工高程，并待预压期完成后施工桥台桩。填土时采用小型振动压路机薄填，对称轻压多遍，以保证压实度。

2）路堤施工

软土地基下沉后，软土段路堤边坡坡率、路堤宽度、高度均会发生变化，设计时已予以考虑。填筑路堤时，应按设计边坡、侧坡加宽或现场实测推算值连同施工加宽值（单侧50cm），与路基填筑同步施工，确保其压实宽度大于路堤设计宽度。

路基填筑，必须根据设计断面，分层填筑、分层压实。路基填筑应采用水平分层填筑法施工，即按照横断面全宽分成水平层次逐层向上填筑。如原地面不平，应由最低处分层填起，每填一层，经过压实检验符合规定要求之后，再填上一层。

若路基填筑分几个作业段施工，两段交接处，不在同一时间填筑时，则先填低段，应按1：1坡度分层留台阶。若两个地段同时填筑，则应分层相互交叠衔接，其搭接长度不应小于2m。压路机的速度控制在2～4km/h，填筑质量控制按照施工参数与压实质量检测同时控制的双控方法，按压实标准执行。为保证均匀压实，应注意压实顺序。

**2. 迎海面抛填**

破除挡浪墙，从开口处填筑石料运输坡道，坡道长度30m，坡比不陡于1：4。施工过程中应加强坡道修复，避免出现翻车等安全事故。

抛填采用推土机配合挖掘机进行，采用进占法，分层抛填。第一层抛填厚度以能上大型机械设备为宜，若块石无明显沉降，可向前延伸进行下一段施工；若块石沉降量仍较大，则再抛一层块石进行碾压，直至块石沉降量较小为止。除第一层外，其余每层厚度控制在1m左右，直至抛填至顶面。运输车到达指定地点后，直接倾倒石料，利用推土机推平。为便于卸料后的车辆驶出，抛石顺序从坡道底端向小桩号推进，并自原老海堤边坡防护线向外侧展开，使淤泥挤出。抛投时应注意大小搭配，抛投完成后，应在抛石顶面选用颗粒相对较小的碎石土用以整平。

抛填施工时，首先利用块石自重进行初步挤淤，随后整平片石顶面，并用自重较大的推土机、挖掘机等履带车来回走动进行碾压，严禁振动碾压、冲击碾压、强夯等压实方法，以防对下层淤泥层产生扰动。

**3. 桥梁工程施工**

本标段内共设洼港闸中桥1座，桥梁全长81.4m，桥梁角度90°，采用钻孔灌注桩基础，基桩孔径分别为$\phi$1.5m、$\phi$1.2m，下部结构采用柱式墩，桥墩设置5个立柱，立柱直接接基桩，为板凳式桥台。

（1）钻孔灌注桩

经现场测量，本桥1号墩、2号墩分别处于出水口两侧U形槽位置，与老闸翼墙并无冲突。

首先及时与盐场人员取得联系，协调水中桩施工期间的放水事宜，以满足前期桩基施工需要。待水位降低后施工草袋围堰，用草袋盛装松散黏性土，袋与袋间交错堆码，上下左右互相错缝码整齐，以保证围堰的稳定及不漏水。围堰完成后，通知盐场人员进行试放水，闸口应缓慢提升，使河道内水位稳步上升，查看围堰稳定情况，若围堰出现局部垮塌等不稳定现象，则立即关闸停止放水，继续加固围堰。随后进行钻孔，钻进过程中，应详细记录钻进的起止时间、钻进深度、泥浆比重等原始数据，钻孔中发生的异常情况及交接班情况也须记入钻孔施工记录，以便掌握孔内情况，防止事故发生。灌注混凝土前，检测泥浆指标和孔底泥浆沉淀厚度，按照规范规定或图纸设计要求进行二次清孔，并做好记录。

首批灌注的混凝土数量要满足导管初次埋置深度（≥1.0m）和填充导管底部间隙的需要，以保证钻孔内的水不能重新流入导管，当导管底口距钢筋底口比较近时放慢灌注速度，防止钢筋笼上浮。在灌注过程中，随时测量灌注的混凝土顶面高度，及时提升和拆除导管，使导管在混凝土中保持2～4m的埋置深度，并始终予以连续监控，确保在无空气和水进入的状态下灌注。混凝土要连续灌注，直到灌筑的混凝土顶面高出桩顶标高不小于1.0m，以保证桩顶以下的全部混凝土具有满意的质量。

（2）立柱

立柱施工前先进行接桩处理，基坑开挖后立即破除桩头，同时根据现场情况适当采用木桩、挡土板等对基坑四周进行加固，防止坍陷。

立柱钢筋骨架采用整个钢筋笼钢筋接长法。凿除桩头后将桩头外露钢筋调直，清洗干净。在立柱的四周用钢管搭好井字形支架，把制作好的立柱钢筋笼的单根主筋依次对应桩头钢筋处，在桩头锚固钢筋顶端用临时定位箍筋固定好立柱钢筋，然后焊接立柱底端加强箍。在箍的中间绑好十字形钢筋，悬好线锤，调整钢筋笼位置，使之对中。然后沿骨架四周绑扎好混凝土保护层垫块，确保钢筋保护层厚度的合格率在浇筑混凝土前达到100%。

立柱模板两套，委托专业模板厂制作，工地拼装，均采用δ≥6mm的大块钢模板。模板运抵施工现场后，应进行模板试拼装并对其尺寸进行检查，用抛光机打磨表面锈迹，均匀涂刷脱模剂，接缝间夹海绵条，确保拼缝处达到不漏浆的要求。模板底部使用砂浆和双面胶处理缝底。

立柱模板采用起重机吊装，人工配合支立，拼接好后，模板顶部以下30cm处沿互相垂直方向用四根揽风绳沿周长固定模板。立模完毕后，检查垂直度，测定柱顶高程。

立柱混凝土浇筑采用串筒法浇灌，混凝土自由落差的高度不大于1.5m，分层厚度不宜大于30cm，层与层之间的浇筑时间间隔不能超过下层混凝土初凝时间，浇筑工作应连续不间断，振捣器与模板保持10～15cm的距离，插入下层混凝土5～10cm，以消除两层之间的接缝。

（3）盖梁

立柱混凝土强度达到设计强度的75%以上后安装承重抱箍。抱箍采用高度50cm、厚度0.8cm的圆弧形钢板，利用14根M24高强螺栓连接，每侧7根。抱箍与墩柱之间加设一层10mm厚的橡胶垫，目的是增加抱箍与墩柱之间的摩擦力，不啃伤墩柱混凝土。

测量人员将盖梁轴线放好后，施工人员按盖梁轴线和盖梁标高安装底模，并调整盖梁底模以达到设计高标。

盖梁底模采用18mm的木模，悬臂端底模采用木制三脚架支撑，三脚架置于方木上并绑扎牢固。三脚架及方木搭设完毕后，将盖梁底模安装就位，用钉子与下面方木固定，盖梁底模标高安装施工误差不应大于±5mm，轴线偏位误差不应大于10mm。模板接缝间要垫双面胶条，表面用腻子补实刮平，防止接缝漏浆造成混凝土面色差或麻面。

底模经检测合格后，测量放线，将钢筋位置标在模板上，随后进行盖梁钢筋安装，盖梁骨架钢筋先加工成骨架片，每片骨架经检查合格后，成组运至施工现场，用吊车整体吊装就位绑扎成型。

钢筋绑扎及预埋件施工经检查合格后，进行侧模施工。侧模采用定型钢模由专业模板厂设计制作，安装前必须打磨除锈，打磨干净后均匀涂刷脱模剂，侧模与侧模、侧模与底模之间的接缝要紧密，加垫双面胶条防止漏浆。侧模采用φ16对拉螺栓进行加固，内设支撑，在侧模外侧采用φ50钢管作为横带和竖带，并且在侧模和底模分配梁之间用滑栏螺丝连接，以便调节侧模的垂直度。模板各部位支撑、拉杆要稳固。安装完毕后，仔细检查各部位尺寸以及稳定性。

混凝土浇注前，应报请监理工程师检查模板各部位尺寸是否正确，接缝是否严密，支撑、拉杆是否稳固以及钢筋、预埋件位置等是否正确。模板内的杂物、积水、钢筋上的污垢应清理干净。以上各项全部符合要求后方可浇注混凝土。

浇注顺序从与墩柱连接部位开始向两端分层且对称浇注，每层厚度不超过40cm，混凝土振捣以混凝土面停止下沉并无明显气泡上升、表面平坦一致为宜（30~40s）。在灌注上层混凝土时，要将振捣棒插入下层混凝土内不少于10cm。混凝土振捣时严禁碰撞钢筋和模板，混凝土必须一次浇注完成，浇注应连续进行，如因故间断时，间断时间应小于混凝土的初凝时间。

浇注完成后，混凝土顶面应修整抹平，待定浆后再抹第二遍并压光。浇注期间，应设专人检查抱箍、支架、模板、钢筋及预埋件的稳固情况，当发现有松动、变形、移位时，应及时处理。

（4）箱梁预制

钢筋在台座上直接绑扎，绑扎前先将台座表面清扫干净，并涂一层脱模剂。根据设计下料绑扎，绑扎要牢固，位置准确，确保钢筋混凝土保护层厚度，下垫混凝土垫块。箱梁模板统一用5mm钢板加工成整体式定型钢模，侧模严格控制挠度变形，模板拆卸后，妥善保管。

预应力管道采用镀锌钢带制作，预应力管道的位置按设计要求准确布设，并采用每隔50cm设置一道定位筋的方式来进行固定。预应力管道接头要平顺，外部用胶布缠牢，在管道的高点设置排气孔。

锚垫板安装前，要检查锚垫板的几何尺寸是否符合设计要求，锚垫板要牢固的安装在模板上。要使垫板与孔道严格对中，并与孔道端部垂直，不得错位。锚下螺旋筋及加强钢筋要严格按图纸设置，喇叭口与波纹管道要连接平顺、密封。对锚垫板上压浆孔要妥善封堵，防止浇注混凝土时漏浆堵孔。

预应力混凝土组合箱梁所用混凝土为高强度等级海工混凝土，施工中严格按照监理工程师批准的配合比进行拌和。混凝土浇筑时必须充分振捣并且分层浇筑，分层浇注每层厚不大于0.3m，可以先浇筑底板混凝土，然后安装芯模，再浇筑腹板和顶板混凝土。混凝土浇注与混凝土振捣要密切配合，分层浇注分层振捣。

混凝土浇注完成后必须进行养护，以防止干燥收缩引起裂缝并促使混凝土硬化。养护采用连续浇水和遮盖苫布配合进行。混凝土强度达到设计强度的50%以上时拆除模板。

## 7.4 徐新路

徐新路是徐圩新区通往连云港中心市区最主要的交通干线，如图7-11所示。在徐新路建成以前，徐圩新区到连云港中心市区需绕行，徐新路建成后该行程由50km缩短到30km，徐圩新区与主城区的联系大幅加强，对于徐圩新区临港产业区各项事业的发展具有十分重要的意义。

### 7.4.1 工程概况

徐新路全长31.13km，徐新路西起苍梧路与花果大道交叉口，东止海滨大道。其中徐圩新区段长约20km，东起海滨大道，西至新沟河中桥（图7-12）。沿线经过推磨山、连徐高速公路、妇联河、云台农场、疏港航道、东辛农场、沿海铁路徐圩支线、烧香支河和横一路，之后进入徐圩片区，与板徐路平交后，沿张圩水库南侧向东北方向布线，下穿在建的省道S226，与港前大道平交，终点与海滨大道

图7-11 徐新路

图7-12 徐新路跨河大桥

相交。徐新路全线采用双向四车道一级公路标准进行设计，设计速度为100km/h。

### 7.4.2 工程地质条件

#### 1. 地形地貌

该项目跨越连云港前云台山低山残丘区和滨海海积平原区。

起点~K1+850段为前云台山低山残丘区，路线附近山体（推磨山）山脊走向近南北向，线路经过区附近山脊高度达178~256m，山体呈东缓西陡的特点。

K1+850~K19+560（终点）段为海积平原区，地势平坦，地面标高一般在1.8~5.3m，整体东倾，西高东低，地势平坦，水系发育。

#### 2. 区域地质概况

沿线浅部及上部主要为表面硬壳层、淤泥、淤泥质黏土；中部以硬可塑黏土、粉质黏土为主，局部夹粉砂；下伏基岩为元古界片麻岩。

张圩互通立交桥工程位于一级构造单元秦岭造山带之武当—大别隆起区的东延部分—苏胶隆起之上，区域构造线走向主要为北北东—北东东，韧性剪切带、褶皱及中新生代脆性断裂发育，多期叠加作用明显，面线构造种类较多，属于复杂构造变形区。在基岩中，线性强

变形带与透镜状弱变形域交织分布，形成不均一变形，变形与变质作用关系密切。

徐新路工程位于我国华北地震活动区的南端，对场址区影响较大的是郯庐地震带，根据地震历史资料，自1668年山东郯城地震之后，300多年来，连云港地区未发生过较强地震，是一个相对稳定的平静地区。

根据国家地震局、建设部发布的《中国地震动参数区划图》GB 18306—2001，本工程区域抗震设防烈度7度，地震动峰值加速度值为0.10g，相当于地震基本烈度Ⅶ度，抗震设防措施等级为Ⅷ级。

### 3. 工程地质条件

根据沿线地貌及岩土层分布状况等情况，将线路划分为两个工程地质分区，即海积平原工程地质区和变质岩断块侵蚀低山残丘工程地质区。

海积平原区地势平坦，地面标高一般在1.8~5.3m。土体成因主要为海积，少量冲海积。表层土层以灰黄色黏土、粉质黏土为主，厚度0.5~3.0m，局部经人工改造明显，部分地段分布杂填土。表层土以下分布有中厚~厚层软土，以流塑为主的淤泥及淤泥质土，层厚6.0~14.6m，靠近残丘附近的淤泥层较薄。淤泥及淤泥质土埋藏浅，厚度大，分布稳定，工程地质条件较差，为该区主要的不良地质问题。

低山残丘区线路利用新近采石开挖形成的马涧通道穿越推磨山。马涧通道位于连云港前云台山推磨山上，连云港新浦区东南侧。通道开挖工程始于2002年，于2010年4月中止开挖。山体背脊走向为北北东，现有开挖路堑近乎垂直于山体走向，其走向为北西西，约212°左右。

## 7.4.3 不良地质作用及处理措施

### 1. 砂土液化

勘察显示，20m以浅分布全新统1-1c、1-2c、2-1c三层粉砂、粉土层，经液化判别，液化指数一般在4.29~12.4之间，其中疏港航道大桥南侧段砂土液化等级为中等，对于桥梁桩基础，设计参数可按规定折减；对于其他局部液化路基段可结合软土层采用水泥搅拌桩一并处理。

### 2. 软土

路线区广泛分布淤泥、淤泥质黏土，本报告中地层编号定为1-2层，层顶面埋深较浅，最大埋深为6.1m，最大层厚为14.6m。除老路堤及河堤段外，一般埋深2.6~6.1m，软土层厚变化较大，厚度在3.9~10.9m；推磨山两侧淤泥厚度较小，一般为3.9~7.3m，层厚变化大；海积平原区淤泥厚度较为稳定，一般为8.4~14.6m，海积成因，灰色，流塑状态，具有天然含水量大、压缩性高、力学强度低等特点，工程性质极差。在地震作用及振动载荷的作用下，软土易产生侧向滑移、不均匀沉降及蠕变等工程地质病害，对路基及构筑物的稳定性影响较大。在桥梁地段，桥梁基础宜采用桩基，且需考虑该层软土在沉降作用下可能产生的负摩擦力作用；该层软土含水比$a_w$大于1，桥头填土段可采用管桩、粉喷桩等进行处理；一般路基段，可采用粉喷桩、堆（超）预压处理。软土指标如表7-1所示。

| 项目 | 天然含水量 $\omega$（%） | 天然孔隙比 $e$ | 液限 $\omega_L$（%） | 塑限 $\omega_p$（%） | 塑性指数 $I_P$ | 液性指数 $I_L$ | 含水比 $\alpha_w$ | 直剪试验 | | | | 压缩系数 $\alpha_{0.1-0.2}$（1/MPa） | 压缩模量 $E_{s0.1-0.2}$（MPa） |
|---|---|---|---|---|---|---|---|---|---|---|---|---|---|
| | | | | | | | | $C_q$（kPa）（快剪） | $\phi_q$（度）（快剪） | $C_c$（kPa）（固快） | $\phi_c$（度）（固快） | | |
| 最小值 | 38.6 | 1.042 | 30.7 | 17.8 | 11.6 | 0.89 | 0.95 | 1.0 | 0.3 | 5.0 | 2.2 | 0.420 | 1.30 |
| 最大值 | 91.2 | 2.424 | 71.5 | 32.7 | 40.9 | 2.48 | 1.70 | 12.0 | 2.3 | 18.0 | 9.0 | 2.600 | 4.44 |
| 平均值 | 65.3 | 1.831 | 55.8 | 26.6 | 29.5 | 1.34 | 1.17 | 6.3 | 0.7 | 11.0 | 6.8 | 1.710 | 1.75 |

### 3. 崩塌和滚石

马涧通道为新近开挖的岩质边坡，经过爆破震动后，坡面上存在松动岩体，在外应力作用下极易崩塌、掉块。在推磨山两侧沿坡分布有零星的孤块石，路堑开挖过程中应针对坡上不稳定岩体逐一清理，并设防护网，防止产生潜在稳定性危险。

### 4. 基岩高边坡稳定性

边坡总体是北侧陡，南侧缓。路堑附近山体东侧最高高程为160m左右，西侧最高高程为130m左右，路堑底部最低高程约为15m左右。北侧坡面较陡，约65°~75°。南侧开挖面不规整。

根据地质调查和室内试验分析，该边坡存在倾倒变形破坏、楔形体滑动等边坡稳定问题。

### 5. 工程地质评价及处理措施

（1）项目沿线位于海积平原工程地质区和变质岩断块侵蚀低山残丘工程地质区，区域属于构造较稳定区，可进行工程建设。

（2）桥梁设计应按规范采取抗震设防措施。根据砂土判别结果，场地存在液化土层，可结合路基和桥梁的处理措施一并处理砂土液化问题。软土需要考虑震陷影响。

（3）路线区桥梁基础宜采用桩基，桩基持力层可根据上部荷载大小选择黏土层或下伏基岩，桥头高填土路基可采用管桩或粉喷桩进行处理。

（4）采用钻孔灌注桩时，桩基工程施工前应先打试桩，以试桩资料确定单桩承载力设计值，并确定工程桩的施工参数即贯入度、锤重或可钻性等。桩基工程竣工后，应按规范要求进行动、静试验，必要时可增做水平静载试验。

（5）根据沿线地下水、地表水水质分析试验结果，地表水、地下水对混凝土结构具弱腐蚀性，长期浸水条件下对混凝土中钢筋具微腐蚀性，干湿交替条件下对混凝土中钢筋具中等腐蚀性。

（6）软土路基处理时，需进行沉降与稳定验算，对不同厚度的软土，应结合路基填土高度区别对待，同时尽量采用低路堤，以减少取土量。

（7）路线穿越推磨山马涧通道边坡，该边坡属一级超高岩质边坡，节理面发育，存在倾倒变形、楔形体滑动和局部掉块等边坡稳定问题，建议进行专题研究，并注意加强施工和运营期的安全监测。

### 7.4.4 施工技术措施

#### 1. 工程分期实施措施

徐新路工程所经区域软土层较厚，路基施工后沉降量大，结合路基处理方案，路面采用分期修建的设计方案，其中马涧通道段、下穿徐圩铁路支线通道及互通采用一次性修建。

（1）一般路段分期实施

一期实施：面层采用4cm厚细粒式沥青混凝土（AC-13C），基层采用20cm厚水泥稳定碎石，底基层采用20cm厚低剂量水泥稳定碎石。

二期实施：二期路面施工时，将一期4cm厚细粒式沥青混凝土（AC-13C）面层铣刨。上面层采用4cm厚细粒式改性沥青混凝土（SUP-13），下面层采用8cm厚中粒式沥青混凝土（SUP-20），基层采用16cm厚水泥稳定碎石，沉降调平层采用12~18cm厚水泥稳定碎石。

（2）桥头复合地基处理路段路面一次性实施

上面层采用4cm厚细粒式改性沥青混凝土（AC-13C），下面层采用8cm厚中粒式沥青混凝土（AC-20C），基层采用36cm厚水泥稳定碎石，底基层采用20cm厚低剂量水泥稳定碎石。

需注意的是，分期修建路面在二期路面施工时，将一期4cmAC-13C细粒式沥青混凝土面层铣刨后加铺水泥稳定碎石调平层，调平层厚度需根据实际沉降量确定。在二期实施的同时，采用一次修建的路段根据上面层病害情况对部分路段进行铣刨，重新铺装。

#### 2. 部分工序衔接措施

（1）桥梁施工时应严格控制各特征点标高。所用水准点不断与相邻路基施工水准点联测校核，以免出现路桥高程错位。

（2）基桩成孔时，两相邻孔不得同时钻孔或灌注混凝土，以免扰动孔壁造成塌壁或断桩。

（3）土坑取土尽量利用现有道路运输，个别路段无路直接到达时，可利用已施工的路段向前推进，减少修筑便道和施工时间。

（4）对于低路堤路段，低于原地面部分的路床及压实过渡层一次开挖不宜过长，应尽快掺拌石灰或水泥回填碾压，以免受雨水浸泡。

（5）路面基层施工应严格控制材料的级配及加入水泥后到碾压终了的时间，混合料的拌和、运输、摊铺、碾压设备必须配套。

（6）沥青面层施工除应严格控制矿料的级配和油石比外，还应注意混合料的拌和、运输、摊铺、碾压设备必须匹配，以及相对应的沥青混合料的温度要求。

（7）在需设置信号灯控制的交叉处，以及在中分带有横向排水的路段，应在底基层施工前将其管道埋入路床中。

（8）在桥台背墙和需设伸缩缝的梁端，设护栏的边梁及梁底支座等位置注意预埋件的设置。